ちくま学芸文庫

はじめてのオペレーションズ・リサーチ

齊藤芳正

JN095812

筑摩書房

はじめに

　オペレーションズ・リサーチとは，生まれ故郷のイギリス風の表現である Operational Research（オペレーショナル・リサーチ）を米語読みで表現したもので，第二次世界大戦の頃に大きく芽吹いた，問題解決，改善などのための「方法」である．その表現が長いことから頭文字をとって一般的には OR（「オーアール」と読む．）と略して呼称されている．以下，オペレーションズ・リサーチを OR と略記する．

　その方法には，

・考える対象
・検討のしかた
・検討結果の位置づけ

について，他の方法と異なる大きな特徴がある．OR はその効用が大きいので，今では多くの国に普及しており，例えば次のように呼称され，用いられている．

・オペレーションズ・リサーチ，作戦研究〜日本
・Operations Research, Operations Analysis〜アメリカ
・Operational Research〜イギリス
・Cybernetics（サイバネティクス）〜ソ連

・運籌術（うんちゅうじゅつ）〜中国

「第二次世界大戦の頃」という，かなり以前に脚光を浴び
た OR なのに，なぜ今頃，思い出したように OR について
の書を出したのかと言えば，その理由には大きく 2 つある．
　1 つの理由は，現代は OR を改めて用いざるを得ない状
況にあるということである．その具体的な説明については
「おわりに」の項に詳しく述べた．なぜ「おわりに」に述べ
たのかというと，OR とはどのようなものであるのかが読
者に理解されていない時点でその理由を述べたとしても，
その意味が実感としてわからないと思うからである．ま
た，本論の展開のしかたに "しかけ" があって，その理由
を先に述べてしまうと OR についての説明効果が薄まって
しまうからである．どうしても早く知りたいと思う方は，
「おわりに」を参照してほしい．
　もう 1 つの理由は，次に述べるこの書の趣旨にある．
　この書の趣旨は，OR を "真に理解してもらう" ところに
あり，これをきっかけにしてさらに深く学んでいただき，
実社会で使ってほしいのである．

　この書を手にされた人の中には，若干でも OR について
の知識をもたれている人がいるかもしれないが，本書は特
に，OR について初めて学ぶような人を対象に考えている．
これまで，OR をわかりやすく説明しようとした書はいく
らか見受けられるが，筆者の経験からして，そのほとんど

が OR の初学者の立場から書かれていないと思われるのである.

　例えば, OR という方法の中には, 問題への適用の際に踏むべき「手順」というものと, その中で道具として用いられる「理論・技法」というものがある. ところが多くの解説書では「手順」の説明を手順ごとに別々の問題を用いて説明しているため, 各手順の間の"つながり"が見えにくくなったり, 「理論・技法」の説明が初学者にとっては見慣れない数学記号の羅列であったりする. このように, OR を学ぶには必ずしも恵まれた環境ではなかったと思う.

　OR 支持者の筆者としては, このような状況を見逃すことができず, 本書を著すことにした次第である. そのため, OR についてこれから新たに学ぼうとする人にとって気楽に読めて理解できるように, 努めて事例をとりあげ, これを図示したり, 平易な言葉を用いて説明するよう心がけた.

　さらに 1 つの例題を設定し, それを OR を用いて検討する全手順を示しながら, そこで用いるべき理論・技法を併せて説明し, 解決・改善までの OR の方法をわかりやすく解説した. もちろん, 実際の問題に適用できるように配慮してある.

　本書の構成は,

第 1 章　OR とはなんだろう

　第2章　実際にORを使ってみよう
　第3章　ORのあゆみ

からなっている.

　第1章の「ORとはなんだろう」では, ORとはどのよう
なものなのか, その概念を理解していただけるようにし
た. そのために, ここでは, ORを適用した簡単な事例を
紹介してそのイメージが描けるようにし, 問題解決, 改善
などにおける通常の意思決定との関係を示すことによっ
て, ORの特徴が理解できるようにした. この章を読めば,
ORの意義, 有用性が十分理解されるだろう.

　第2章の「実際にORを使ってみよう」では, ORを実際
の問題にどのように適用していけば良いのか, その適用の
しかたについて理解していただこうと考えた. そのため
に, まず簡単な例題を設定し, ORの手順ごとに解説した.

　第3章の「ORのあゆみ」では, ORがどのようにして生
まれたのかを知っていただくようにした. そのために, こ
こではORの誕生に直接関わるようなことに加えて, 間接
的に関係する事柄についても年表として示した. この章を
読めば, OR誕生の経緯はもちろん, 誕生をもたらした環
境やOR活動を成功させた条件などについても認識される
だろう.

　さて, ここでORで検討する例題をあげる. この問題
は, 本論を通して扱う例題である. ORについて学ぶ前の

読者諸兄諸姉ならば, どのようにして, どのような決定を下すだろうか. 物騒な例題ではあるが, OR が軍事面において産声を上げたことに鑑みて, お許し願いたい.

〈例題〉

　2両の敵の戦車が近づいてくる. 各々の戦車の種類は異なっており, 1両は撃破能力が高く, 他は低い戦車である. 味方にはどちらが撃破能力が高いのかわかるものとする. 敵の各々の戦車には 1 発の弾が込められている. 敵は, 隠れている味方を探しながらきており, したがって, 敵が先制して味方を射撃することはない. 味方は 2 発の弾を込めた対戦車砲をもっており, 短時間 (1 発目が当たったか外れたかを判断することができないくらいの時間) に 2 発を射撃する. 味方が射撃すれば敵は味方の位置を知り, すぐさま射撃をしてくるため, 2 発の射撃は連続させなければならない. 味方はいかなる行動を採れば良いか.

　なお, 相互の撃破能力は次のとおりである.

・撃破能力の高い方の敵戦車は, 平均して 10 発射撃してそのうち 6 発命中
・撃破能力の低い方の敵戦車は, 平均して 10 発射撃してそのうち 3 発命中
・味方の戦車は, いずれの敵戦車に対しても平均して 10 発射撃してそのうち 4 発命中

　ここでは話を簡単にするために，味方の行動としては，

A案：敵戦車の各々に1発ずつ射撃する
B案：敵戦車のうち，撃破能力の高い方に連続して2発
　　　とも射撃する

という2つの行動方針案の中，いずれかを採るものとしよう．

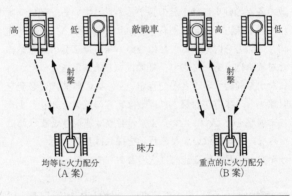

以下，第2章でこの例題を解きながら，実際のORの手順を解説する．

　ぜひ，本書を読了されてORというものを真に理解し，これに興味をもってさらに学び，読者の皆さんが直面している諸問題にORを用いて解決できるようになることを祈念する次第である．

目　次

はじめてのオペレーションズ・リサーチ

第1章
OR とはなんだろう

1 そもそも OR とは？

　まず，実際に OR を適用した事例を文献［1］（巻末の参考図書参照）から3例ほど紹介し，それからそれらの問題を OR でどのように解決したのかを解説しよう．読者の皆さんも，もしこのような事態に直面したとき，自分だったらどのように解決するだろうか，考えてみていただきたい．

事例1　食器洗浄桶の配置

　ある OR ワーカー（OR を用いて問題を解決することに従事する人をこのように呼ぶ）は戦場の食事場において，兵隊が食後，各自の食器を洗浄するのに列を作って待つために多くの時間を無駄にしているのを目の当たりにし，現地の指揮官にその旨を問題提起した．そこには4つの桶があり，2つは洗うのに，2つは濯ぐのに用いられていたのである（図1-1）．

　さて，このような場面に出会ったとしたら，読者ならばどのような解決策を採られるだろうか．ちょっと考えていただきたい．

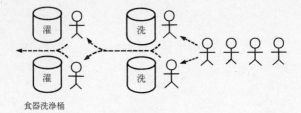

食器洗浄桶

図 1-1

　では引き続いて，実際に OR ワーカーが提案した解決策を紹介する．

　OR ワーカーは，兵隊が自分で使用した食器を洗うのに濯ぐより平均して3倍の時間がかかることに着目した．そして，洗うのに2つの桶，濯ぐのに2つの桶を使用している代わりに，洗うのに3つの桶，濯ぐのに1つの桶を用いるように提案した（図 1-2）．

　この提案はすぐ実行され，その結果，待っている兵士の列はほとんどなくなってしまっただけでなく，多くの日には待つ列さえ見られなくなってしまったというのである．

事例2　爆雷の深度調整

　第二次世界大戦において，イギリス沿岸警備隊は航空機でドイツ軍の U ボート（潜水艦）を攻撃するのに爆雷を使っていた．その際の実施要領は（図 1-3），

　①U ボートは，潜水時の動力源はバッテリーであり，ディーゼル発動発電機で充電しなければならない．その

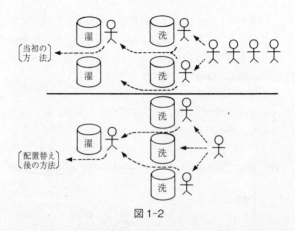

図 1-2

　ため，発動発電機の駆動に必要な空気の取り入れや燃
焼ガスの排出が必要であり，時々浮上する．
②洋上を哨戒中の対潜航空機が，浮上中のUボートが
　立てる白波などによりUボートを発見する．
③Uボートは接近する対潜航空機を発見すると，急速
　に潜水する．
④対潜航空機は，潜ってしまってはっきりした位置はわ
　からないが，Uボートがいそうな海域に飛来して爆雷
　を投下する．
　爆雷には時限信管（ある時間が経ってから，爆薬を
炸裂させる装置）が用いられており，Uボートのいそ
うな深さに到達する頃に炸裂するように，爆発のタイ
ミングを決めるための「深度調整」という操作を行う

必要があった．この深度調整は，攻撃直前に機上で行うことは不可能で，最良となる深度を推定して出撃前に航空基地で設定しておき，いったん出撃したら，その調整した深度の状態でしか使用できない．

⑤爆雷が炸裂する．

⑥炸裂の衝撃でUボートを破壊する．あるいは，損傷させ，浸水させて使用不能に陥れる．

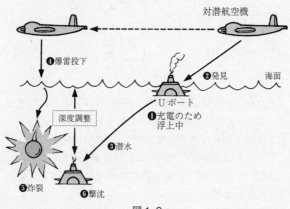

図1-3

以上のような要領で対潜攻撃を行っていたのであるが，期待していたような戦果が得られなかったというのである．

この攻撃の効果を上げるためには，どのような解決策が考えられるだろうか．

　では，実際にイギリス沿岸警備隊が OR を使って導いた
解決策を紹介する.

　当時は疑うこともなく，爆雷投下時には潜水艦はほとん
ど潜水していると思われていたので，それを前提として，
爆雷が炸裂する深度を 50 フィートに調整していた. だか
ら，もし潜水艦が潜水中であれば，50 フィートの調整深度
は適切であるかもしれないが，潜水艦が浮上中であれば，
50 フィートの調整深度では炸裂位置が深過ぎて致命的な
損害を潜水艦に与える可能性は小さくなる. そこでこのこ
とについて結論を出すため，対潜攻撃の実施状況を調査す
ることになった.

　すると，投下時における潜水艦の状態は表 1-1 に示すと
おりであった.

潜水艦の状態	攻撃回数全体に対する割合（%）
浮上中	40
潜水中	10
潜没後	50

表 1-1

　つまり，航空機が潜水艦の真上に達した時，まだ浮上し
たままのような状態の潜水艦が 40 パーセントもあるとい
うことであり，これらの潜水艦に対してはそれまでの調整
深度は深過ぎたのである. ただし，潜水艦の正確な位置が
わからない残りの 60 パーセントの場合については，適当
であったかどうかはわからない. そこで，さらに数値的に

分析して，調整深度を 25 フィートに改めるとともに，潜水
艦が 30 秒以前に潜没した時は爆雷を投下しないように定
めた（図 1-4）.

　このように定めた後の航空機による対潜攻撃の真の効果
は 2 倍以上になったというのである.

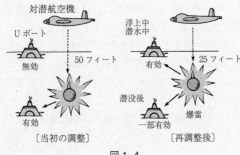

対潜航空機

U ボート

浮上中
潜水中

無効　　50 フィート　　　　有効　　25 フィート

有効　　　　潜没後　　　　爆雷

一部有効

〔当初の調整〕　　　　　　〔再調整後〕

図 1-4

事例3　神風特攻機対策

　次の事例は，太平洋戦争末期における日本の神風特攻機
に対する米海軍艦艇の対応要領を検討した話で，これも文
献［1］から紹介する.

　太平洋戦争において，多くの日本軍神風特攻機がアメリ
カの海軍艦艇に突撃を敢行した.

　さて，読者が艦艇の艦長であったとしたら，神風特攻機
の突撃を少しでも免れるために，どのような対抗策を採る
だろうか.

　米海軍が採った対抗策を紹介しよう.

　特攻機が機首を下げ, 艦艇に急降下をしてきた場合, その艦艇は急激な退避運動によって命中を避けることもできるし, そのまま航行しつつ, 対空射撃で特攻機を撃墜することもできる (図1-5). そこで, 特攻機の攻撃を避けるには, 対空射撃と, 急速な退避運動のいずれが効果的であるのかを明らかにしようということになった.

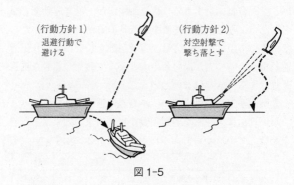

図 1-5

　これに答えるために, 特攻機が艦艇に対し機首を下げ, 突撃を行ったことが明らかである 477 件の戦闘データが集められた. そのうち, 365 件の場合が艦艇の行動および特攻機の最終状況が明らかな報告であった.

　まず, 艦艇の退避運動の有無によって特攻機の命中率がどのように変化するのかの分析が, 大型艦と小型艦に分けて行われた. その結果を表1-2 に示す.

　表1-2 の結果によれば, 大型艦は特攻機の攻撃を受けた

区　　分		大型艦	小型艦	計
退避運動を した場合	特攻機が攻撃した回数	36	144	180
	特攻機の命中率（％）	22	36	33
退避運動を しない場合	特攻機が攻撃した回数	61	124	185
	特攻機の命中率（％）	49	26	34

表1-2

時は急激な退避運動を行うべきであるということを示している．大型艦に対する特攻機の命中率が，退避運動をしなかった時よりも，退避運動をした時の方がかなり低いからである．小型艦については，退避運動をしない時より退避運動をした時の方が高い命中率となっており，急激な退避運動はするべきではないということを示している．

　大型艦が退避運動を行い，小型艦は退避運動をするべきでない理由は，急激な退避運動が対空射撃の効果に悪影響を及ぼしているからである．それを表1-3に示す．

区　　分		大型艦	小型艦	計
退避運動を した場合	特攻機が攻撃した回数	36	144	180
	特攻機を撃破した頻度（％）	77	59	63
退避運動を しない場合	特攻機が攻撃した回数	61	124	185
	特攻機を撃破した頻度（％）	74	66	69

表1-3

　この表は，対空射撃の効果は，大型艦の場合には，退避運動をした時としない時とでは，77パーセントと74パーセントで大体同じであるが，小型艦の場合は，退避運動をした時の方が66パーセントに対して59パーセントと減少

していることを示している. このデータの数からすれば,
66 パーセントと 59 パーセントとの相違は「有意」(統計用
語で, 偶然のバラツキによる結果ではなく, ある原因によ
って生じた結果であるということを示すの意)であると考
えられた. つまり図 1-6 のように, 小型艦は軽いために急
激な退避運動によって横揺れが大きくなり, これが対空火
砲の安定を害し, 対空射撃の効果を大きく減少させる. こ
れに対して, 大型艦は重くて安定しているために, そのよ
うなことがさほど起こらないのである.

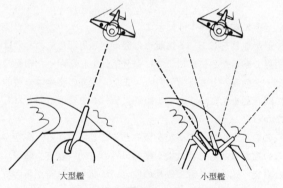

大型艦　　　　　　　　小型艦

図 1-6

　いま示した 2 つの表は, 急激な退避運動が艦艇の大小に
よって良かったり, 悪かったりすることを表している. し
かし, どのような退避運動が特に良く, また悪いのかにつ
いては何もわからない. そこで, 特攻機の突っ込み角度に
応ずる命中部位の度合いについてさらに分析が進められ

突っ込み角度	艦艇の部位	命中率（%）	度数
高空からの急降下	艦　首	100	1
	前甲板	50	6
	艦　側	20	10
	後甲板	38	13
	艦　尾	80	5
低空からの攻撃	艦　首	36	11
	前甲板	41	17
	艦　側	57	23
	後甲板	23	13
	艦　尾	39	23

表 1-4

た．その結果を表 1-4 に示す．

　退避運動をしている艦艇への突っ込み角度を決めるのは
困難であるために，ここでは退避運動をしなかった艦艇の
データのみがとりあげられた．また，全ての艦艇は一般的
に同じ形をしているので艦艇別にデータを分けることはし
なかった．

　この表から2つの事実を汲みとることができる．高空か
らの攻撃は，もし特攻機が艦側以外の方向（艦首，艦尾）
から突っ込んでくれば成功の度合いは高く，低空からの攻
撃では艦側から突っ込んでくれば成功の度合いは高くな
る，ということである．

　これらの理由は次のようになる．突っ込み角度に対する
艦艇の安全性は，2つの要因によって決まる．その1つは，
ある一定の方向に向けられる対空射撃の量であり，他の1
つは，突っ込んでくる特攻機から見た目標（艦艇）の大き

さである．そして，これら2つの要因が突撃の成否に及ぼす効果の大小によって決まる．

　対空射撃の量については次のようになる．対空射撃の量は，艦首や艦尾の方向よりも艦側方向の方が，艦首，艦尾の両方の砲身を向けられるので大である．したがって，この要因だけについて言えば，突っ込み角度にかかわらず，もし特攻機が艦側から突っ込んでくるとすれば艦艇の安全性は高くなる．

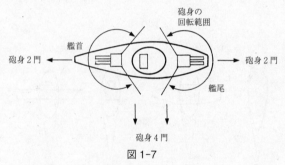

図 1-7

　特攻機にとっての目標の大きさという要因については，次のようになる．まずは特攻機の突入誤差の大きさを考えなければならない．高空からの急降下では突入点の平均誤差は，前後（突入方向）で50ヤード，左右（突入方向と垂直の方向）では15ヤードであった（図1-7）．つまり，特攻機は中心点を狙って突入しようとするが，突入点は種々の影響を受けて前後左右にばらつき，その半数程度は図の広さの楕円形の範囲の中に入るということである．

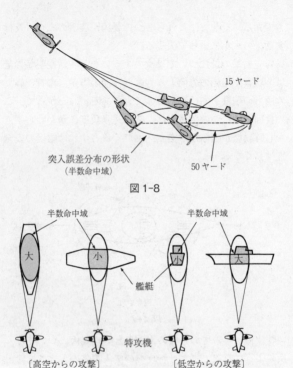

図 1-8

図 1-9

このことから，半数命中域に含まれる艦艇の面積が小さくなれば艦艇の安全性が増す．したがって図1-8にあるように，高空から急降下する特攻機には艦側を向けるべきであり，低空からの攻撃の場合には，特攻機に艦側を見せな

いようにすれば良いということになる.

ところで, 低空からの攻撃に対しては, 対空射撃の観点からは艦側を向ける方が良いが, 目標の大きさからは艦側を向けるのは危険である. このことについて結論を出すために, 突っ込み角度と, 退避運動を行った駆逐艦 (小型艦) がその艦側を特攻機に向けていたか否かに応じて分けた命中結果を表 1-5 に示す.

区 分		特攻機命中率 (%)	度数
高空からの急降下攻撃	艦側を向けての退避運動	17	6
	艦側を向けない退避運動	73	11
低空からの攻撃	艦側を向けての退避運動	67	9
	艦側を向けない退避運動	45	11

表 1-5

数字は明らかに, 退避運動をする駆逐艦は高空からの急降下攻撃にはその艦側を向けるべきことを示した. また, 低空からの攻撃にはその艦側を向けるべきではないことも示している.

以上のことから次のような対抗策が提案された.

① 全ての艦艇は, 高空からの特攻攻撃に対してはその艦側を向け, 低空よりの攻撃に対しては艦首か艦尾を向けるようにするべきである.
② 大型艦は, 特攻攻撃をかわすために急激な変針を行うべきである.
③ 小型艦は, 特攻攻撃に対して適切な変針を行うべきで

あるが，その際，対空射撃の効果を急激に落とさぬよ
うにするべきである．

これらの対抗策が適切であったことは，これを採用した
艦艇にはわずか29パーセントの特攻機が命中しただけで，
これ以外の対応を採った艦艇には47パーセントもの特攻
機が命中していることで立証された．

さて，読者の皆さんの対策案はどうだったろうか．これ
まで述べた方法と一致しただろうか．

2 意思決定のための OR

2.1 何を判断材料にするのか

一般的な意思決定のしかた

いままで紹介してきた事例では，解決すべき問題であると見なされた事柄に対して検討し，その処置・対策について最適なものを導出し，これを現場の責任者に勧告する，という手順を踏んできた．このように，OR は実際の意思決定者（現場の責任者）に対し，意思決定（問題を解決するために，いままでの手順や方法などを変えようと決断すること）のための材料を与えることを目的としている．

そこで OR による意思決定を解説する前に，目標達成・問題解決など，実際に現場の責任者が通常行っている一般的な意思決定のしかたを眺めてみよう．

掲げた目標を達成したい，あるいは，何か問題が発生してそれを解決しようとした場合，一般的には，

① まず，要望を満たせそうなさまざまな解決案を考え出し，
② 次に，それらを採用した場合にどのような結果が得られるのかを評価し，
③ その中から最適な結果をもたらしそうな案を選定する．

というステップを踏むことと思う．問題は，それぞれのス

テップがどのように実行されているかということになる.

ハードとソフト

　上記の①で解決案を考える場合, 解決のための検討の対象として目が向けられるものとしては, 人とか設備といった"ハード面"と, ハードの用い方である組織の構成とか規則といった"ソフト面"という2つのものに, 大きく分けられる.

　ハード面については, 教育による社員の能力の向上や増員, あるいは, 改修による機器の性能の向上とか新規開発といった検討が加えられるだろうし, ソフト面については, 役割分担の変更とか業務規則の修正といった検討が加えられるようになるだろう.

一般的な評価方法

　次に, 前記の②の評価の際に一般的にはどのような方法を用いるであろうか. この説明のために, ある製造設備の「稼働性」を評価する場合を例にとろう. この製造設備の評価要素として「信頼性」と「整備性」の2つをとりあげるものとする. 蛇足ながら, 「信頼性」とは故障することなく使用し続けられる度合いを表すものであり, また, 「整備性」とは故障した設備の分解や故障部位の発見, 部品交換のしやすさなど, 修復のしやすさ, 端的に言えば修復時間の短さを表すものである. これらの事柄を念頭に評価の方法について述べる.

　一般的に何かを評価しようという場合，その評価の方法は大きく分けて2つある.

　1つは，「信頼性」と「整備性」については各々「故障し難い」「修理しやすい」などと評価し，そして総合的な評価である「稼働性」については「したがって，全般的に見れば稼働性は高いだろう」などというように，その程度を質的，感覚的に表現する「定性（感覚）的な評価」という方法である.

　もう1つは，「信頼性」や「整備性」については「平均年間故障発生件数は1.8件」「平均修理所要時間は1時間」などと評価する「定量（数量）的な評価」である. この場合の稼働性についての評価では，算定式を求めて計算することが必要となるが，「したがって稼働率は85パーセントとなる」などというように，その程度を量的，数値的に表現

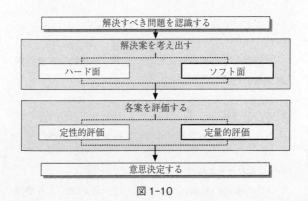

図 1-10

するという方法である.

　以上のことを整理して, 意思決定のしかたを図示すると
図1-9のようになる.

2.2　通常の意思決定での問題点
一般的な意思決定で陥りやすい落とし穴

　読者もこれまでにさまざまな意思決定を見てきたことと
思うが, 問題解決などにおいて通常行われている意思決定
のしかたを前記の観点から眺めてみると, 次のような傾向
があると言えるのではないだろうか.

　1つは, 検討の対象として,

　　ハード面ばかりに目が向き, ソフト面に考えがおよん
　でいない

ということであり, もう1つは, 評価の際,

　　主観的な定性的評価になりがちで, 客観的な定量的観
　点からの評価に乏しい

ということである.

　それでは, この2つの点について検証してみよう.

ハードに偏りがちな検討

　1つ目の検討の対象について言えば, 例えば, ある機械

の使用効果がなかなか現れないとなると、すぐに設置台数
が足りないとか、性能が低いというようにハード面に原因
を求め、機械の増設や改善・新規開発といったハード面の
充実による解決に走りがちである。その機械の操作手順
や、前工程と後工程との間隔など、その扱い方、操作要領
を見直す、といったソフト面への視点が欠けるということ
が往々にして起こりがちである。

　ハード面の充実といった解決のしかたでは、新たな投資
が必要となり、たいていは予算不足などのために早期解決
は難しくなるだろう。その点、ソフト面の変更であれば新
たな投資もほとんど不要で、したがって、速やかな解決が
期待できるのではないだろうか。

どのように評価したらいいのか

　2つ目の、評価についてはどうだろうか。
　一般的な評価の方法について言えば、次のようになる。
例えば、

　　製造設備Ａ：故障はほとんどしないが、修理に手間がか
　　　　　　　　かる
　　製造設備Ｂ：故障しやすいが、修理は簡単にできる

という2つの機械があり、これらの機械の稼働性を、故障
の発生度合い（信頼性）と故障時の修理の難易（整備性）
という2つを比較要因として評価する場合を考えよう。そ

の場合たいてい,

「Aについては,修理に少々時間がかかろうが故障は少ないので,したがって,稼働時間は長くなるだろう.一方,Bについては,修理は簡単でも,頻繁に故障するようであるので,したがって,稼働時間は短いだろう」

といった判断をしながら,**表1-6**のような定性的評価表を作成して評価することが多くないだろうか.個々の比較要因を独立的にとらえ,なおかつ,各要因が最終結果におよぼす影響を,確たる根拠もなく感覚的にとらえる定性的評価のみで終わっているということである.そのために評価が主観的になり,意思決定を誤らせるおそれが大きくなってしまうのである.

評価要素	設備案	
	製造設備A	製造設備B
信頼性	○	×
整備性	△	○
稼働性 (総合結論)	○ (採用)	△

表1-6

特に,各々の比較要素について評価する際,いわゆる"権威者"とか"先達"と呼ばれる人たちが幅をきかせ,主観的な判定を下しやすいので注意を要する.

定性的評価のみに頼った場合,その評価の裏づけや根拠が明確である場合を除いて,一般的に言って評価は人によって変わり得るもので,別の人が評価すれば,

「A については故障は少ないが，修理に時間がかかるので，したがって稼働時間は短くなるだろう．一方，B については頻繁に故障するようでも，修理は簡単に終わるので，したがって稼働時間は長いだろう」
と，まったく別の評価を下すこともある．

　このように，評価の結果が大きく異なることは大いにあり得るので，ある人の評価が必ずしも正しいとは言えないことになる．したがって，最適な決定とならない可能性を十分に含んでいると考えなくてはいけない．

　例えば図 1-10 のように，設備 A に決定した場合，いったん故障したとなると修復までの時間がとても長く，工場が休業状態となり，おまけに当然のことながら修復費用も大きくかさむことにもなりかねない．設備 B にしていれば，故障はするが修復も早く，ほとんど休業状態にはならなかったかもしれないのである．

　さらに定性的評価では，稼働時間が長いといっても何時間ぐらいなのかというように，どの程度の結果となるのか

図 1-11

皆目見当もつかない．特に同様の代替案，例えば，「故障も
少しするが，修理の手間も若干かかる」や「故障もわずか
にするが，修理の手間もややかかる」などが多く出されて
いる場合は，「少し」「若干」「わずかに」「やや」といった
微妙な差異を総合的に評価することは難しく，いったいど
れがいちばん良いのか選択に困ってしまうことにもなる．

定量的に評価しよう

　これに対して，定量的に評価しようとすれば次のように
なる．
　例えば，次式のような関係式を何らかの方法で導き出せ
ば，各々の設備の故障頻度（信頼性）と故障修復時間（整
備性）の数値データを用いて稼働率を算定することができ
る．

　稼働率 = f(故障頻度，故障修復時間，定数など)

　注：上式の f は，関数を表す function の頭文字 f であり，
　稼働率というものは，式の形はわからないが，故障頻度，
　故障修復時間，定数などによって求められる関係にある
　ということを表現している．

　このような定量的な評価であれば，算定結果というもの
は客観性を有するものであり，人が違っても逆の評価にな
ることは少ない．また，もたらされるであろう結果に微妙

な違いがあっても，大小関係がどの程度か具体的かつ明瞭に把握できる．したがって選択も容易であり，さらに実行結果が予想外ということも少なくなるはずである．

　定性的な表現は一般的に言って曖昧かつ抽象的であり，説得力に乏しい．それに対して，定量的な表現は，万人に共通する数字を用いているためにわかりやすく，具体的で，説得力があるということである．

　例えば，事務室の照明が暗い場合，明るくしてもらうためには上司に何と申し出るだろうか．ただ単に，

「事務室が暗いから，明るくしてほしい」

と定性的な表現で申し出たとしても，

「そんなに暗くはないだろう」

と上司に定性的に返され，それで要望の話は“おしまい”となってしまうだろう．

　それよりも，事務室の机上の照度を測定し，それと労働規則などに定められている事務室の一般的な照度基準とを比較し，（もちろん，机上の照度が基準を上回っていれば要望はできないが）基準を下回っていれば，

「○○ルクス不足している」

と定量的に表現して要望すれば，上司も反論はできないのである．

　以上のように，一般的に行われている意思決定のしかたは，

　　・検討の対象としてハード面ばかりに目が向き，ソフト

　　面に考えがおよんでいない
　・評価の際に主観的な定性的評価になりがちで，客観的
　　である定量的評価に乏しい

といった傾向を有しており，かなりの問題を抱えているの
である．
　したがって，より現実的で有効な意思決定のための検討
に際しては，もっと，

　・ソフト面に目を向ける
　・定量的観点からの評価に努める

ということが必要である．

3 ORの特徴

3.1 ORとはどんな方法か

　これまでに述べたように，通常の意思決定のしかたと対比すると，ORには次のような大きな特徴がある．

　①運用（ソフト）を検討の対象とする
　②定量的な評価を行う

の，2点である．

　「食器洗浄桶の配置」の例で言えば，行列を解消するために通常考えられる桶の増設とか，食器洗浄器の新たな設置などというハードに関する処置・対策を採らないで，食器洗いの時間を計測し，その定量的なデータを判断のもとにして単に桶の配置を換えただけだった．つまり，ソフトである運用方法を変えただけで，行列を解消したということになる．

　「爆雷の深度調整」の例では，効果を上げるため，通常ならば爆薬の量を増やしたり，高性能の爆雷を開発するなど，ハードに関する処置・対策に走るのであるが，ここでは爆雷自体はそのままにし，その使用状況を観察し，定量的な運用データを収集し，これを根拠にして調整深度を変えた．つまり，これもソフトである運用を変えただけで，使用効果を上げたということである．

　「神風特攻機対策」の例では，これも通常ならば特攻機を

確実に落とせるように対空火砲の性能をアップしたり，火砲の数を増やす，などといった方向で解決をはかろうとするのが一般的な解決方法だろう．しかし，そういったハード，物の改善・開発に解決の糸口を求めず，ソフトである特攻攻撃を受けた際の対応要領についてデータを収集して，定量的に分析を行い，具体的な行動を提案して艦艇の損害を軽減したということである．

3.2　科学的意思決定法

適用例の中でも感じとられたと思うが，これまで述べた特徴のほかに OR がもっている基本的性質を一口で言うと，

③ OR は科学的な方法である

ということである．

他のもう1つの特徴は，OR の地位・役割についてである．それは，OR は意思決定者に対し，導き出した結果を1つの検討意見として提供している．つまり，

④スタッフの立場に位置し，意思決定に資する働きを有する

ということである．

以下，③と④の2つの特徴について順次説明する．

科学的な方法とは？

まずはじめに,「科学的な方法」とはどういうことであるのかを, 先に概略説明しよう.

科学とは,「世の中のさまざまな現象の中から原理や法則を見いだす」ということであり, そういった原理や法則を見いだす際に用いられる方法が「科学的方法」と言われるものである. その方法は次のような手順を踏む.

手順1　疑問, 問題を表現する
手順2　仮説を提唱する
手順3　仮説から演繹を行う
手順4　演繹を観察あるいは実験によって検証する
手順5　結論を引き出す

これらの「科学的方法の手順」を理解するのに, 良い例話があるので, 文献 [2] から紹介しよう.

【犬の話】

ある時私は, 公園のブランコに乗っている2人の子供A,Bが話し合っているのを耳にした.

A「君の犬は, なぜあんな紙を食べようとしているの？」

B「あれは紙なんか食べようとしているんじゃないよ」

A「でも, あの犬は紙を舐めたり, 噛んだりしているじゃないか」

B「それじゃ，あの紙の上に何か美味しいものでも付い
　ているんだろう」

A「紙の上には何も見えやしないよ．あれはただの紙だ
　よ」

B「いや，何か美味しいものが付いているのに違いない
　よ」

A「僕には何も見えやしないよ．君の犬はきっと紙が好
　きなんだよ」

B「僕の犬は紙なんか好きじゃないよ．きっと，何か付
　いているよ．そうでなければ紙なんか食べないよ」

A「信じられないな．何か付いていないか見てみよう」

　2 人はブランコを離れ，その紙を犬からとりあげ，紙を
念入りに眺め，鼻で匂いを嗅いだりした．

A「ねぇ，ごらん．食べられるものは何も付いていない
　だろう」

B「何か付いているのに違いないと思うよ．僕たちには
　見えないんだよ．僕の犬は紙だけなら食べやしないか
　ら」

A「どうしてわかるの？　この犬は紙が好きなのかもし
　れないよ」

B「いや，そうじゃないよ．では，他の紙をやってみよ
　う．きっと食べないから．何か付いていなきゃ，舐め
　もしないから」

　と言って，子供は他の紙を犬に与えた．が，犬はその紙
を一度は嗅いではみたけれども，それ以上は興味を示さな

かった. そして, 犬はとりあげられた初めの紙に飛びつこうとし続けた.

　　B「言ったとおりだろう. 犬が初めの紙を欲しがるのは
　　　何か付いているからだよ」

　相手の子供は納得して,

　　A「うん, やっぱり紙に何か付いているんだね」

　読者の中にも科学的方法とは知らないで, 今までにこのような行動をとってきた人もいることと思う.

　ここで, 科学的方法の手順を具体的にするために, 手順と, それに該当する例話の部分を示すことにする.

【手順1】疑問, 問題を表現する

　身の回りで起きた諸現象の中で, 疑問をもった事柄や, 気づいたり, 関心をもったりした問題について, それを表現する. 例話では, 犬が紙を嚙んでいることに疑問をもち, これを表現している.

　　A「君の犬は, なぜあんな紙を食べようとしている
　　　の?」

【手順2】仮説を提唱する

　疑問や問題に対して, まだ証明されていないが, 自分が正しいと思う理由や理屈, 説明や回答を仮に出してみる.

　例話では, 自分の経験などから理由を考え, 仮説として述べている.

　Ｂ「それじゃ, あの紙の上に何か美味しいものでも付い
　　ているんだろう」

【手順3】 仮説から (1 つ目の) 演繹を行う

　もし自分の仮説が正しいとするならば, どのようなこと
が確認されなければならないのかという例証事項や, もし
仮説が正しくないなら, そのようなことは確認されないは
ずである反証事項を考える.

　例話では, 例証事項を「その紙を見れば何か付いている
ものが確認されるはずである」としている.

　Ａ「信じられないな. 何か付いていないかみてみよう」

【手順4】 (1 つ目の) 演繹を観察あるいは実験によって検証する

　演繹される例証事項や反証事項を, 観察 (自然の状態で
確認すること) したり, 実験 (条件を意図的に変更して結
果を確認すること) をして確かめている.

　例話では, その紙に何か付いていないかと例証事項を観
察している.

　2 人はブランコを離れ, その紙を犬からとりあげ, 紙を
念入りに眺め, 鼻で匂いを嗅いだりした.
　Ａ「ねえ, ごらん. 食べられるものは何も付いていない
　　だろう」

　ここでは，見た目には「何も付いていなかった」ため，仮説はいったんは棄却されるという結果となる.

【手順3】仮説から（2つ目の）演繹を行う
　例話では，今度は反証事項をとりあげ，「何も付いていない別の紙であれば，犬は食べないはずである」としている.

　　Ｂ「いや，そうじゃないよ．では，他の紙をやってみよ
　　　う．きっと食べないから．何か付いていなきゃ，舐め
　　　もしないから」

【手順4】（2つ目の）演繹を観察あるいは実験によって検証する
　例話では，何も付いていない別の紙を犬に与え，これを食べないかどうかと反証事項を確認している.

　と言って，子供は他の紙を犬に与えた．が，犬はその紙を一度は嗅いではみたけれども，それ以上は興味を示さなかった．そして，犬はとりあげられた初めの紙に飛びつこうとし続けた.

　つまり，反証事項が確認され，仮説は正しいという結果となる.

【手順 5】結論を引き出す

　例話では，当初から思っていた理由が直接的には例証できなかったが，反証事項が確認されたのでそれを結論として述べている．

　　B「言ったとおりだろう．犬が初めの紙を欲しがるのは
　　　何か付いているからだよ」

　例証事項「何か付いている」が直接確認されなかったからといって，即，「本当に何も付いていなかった」とは断言することはできない．反証事項「他の紙には興味を示さなかった」を用いて，犬がその紙にのみに執着することがわかり，その紙に何かが付いていると断言できたのである．つまり反証事項は 1 例でも成り立てば，強いのである．

　この例話にあったように，一般的には，検証できない演繹事項があったりして，仮説の手直しが必要となることが多い．ひととおりの手順を追っただけで結論に至ることは少なく，たいてい仮説と検証の間を何度も行きつ戻りつ（仮説を修正し，またそれを検証する）しながら最終結論に到達することになる．

　もう 1 つの例を，文献 [3] から紹介しよう．

【天体運動の話】

　「水，金，地，火，木，土，天，海，冥」と暗記させられ

た惑星が，どういう動きをするのか今ではよく知られている
が，かつては説明できなかった．恒星が相互の位置を変
えないで規則正しい円運動をしているのに対して，惑星は
恒星の間をぬって逆戻りすることさえあり，恒星とは違っ
て予測のつかない，一見規則性のない変わった動きで人を
不思議がらせるため，人を惑わす星，「惑星」と呼ばれるよ
うになったという．したがって，惑星の位置が予測できる
現在では，もう惑星と呼んではいけないのではあるが．

　このような，手に触れることができない現象の規則性，
つまり，惑星の動きをどのようにして知ることができたの
か．実は科学的方法を用いて，見つけたのである．

　「どうしてあのような動きをするのか？」といった疑問
が科学的方法を適用する際の第1歩であり，「問題の表現」
になる．

　ケプラーがこの惑星の運動法則を見つけたのであるが，
彼は，惑星の動きを観測して記録したブラーエのデータを
整理し，惑星の動きが説明できる運動法則を提示した．つ
まり，「仮説」を立てたのである．これが科学的方法の第2
段階である．

　次いで，彼は運動法則が正しければ，ある惑星が，いつ，
どこに現れるはずであるという「演繹」を行った．これが，
科学的方法の第3段階である．

　そして第4段階として，惑星を演繹どおりの位置に観測
し，仮説の確からしさを「検証」し，最後の第5段階とし

て，次の運動法則をケプラーの法則として「結論づけ」た
のである．

第1法則：それぞれの惑星は，太陽を1つの焦点とする
　　　　　それぞれの楕円軌道を描く．
第2法則：太陽と惑星とを結ぶ線分が単位時間に描く面
　　　　　積は，それぞれの惑星について一定である．
第3法則：惑星の公転周期の2乗は，その惑星の楕円軌
　　　　　道の半長軸の3乗に比例する．

　このケプラーの法則によって，惑星の動きの規則性が明
らかになり，その位置はもちろんのこと，日食日時などの
予測も可能となったのである．

　このように，事実によって裏づけをしつつ，論理的思考
を進めて結論に至るという「科学的な方法」を，自然や社
会の中に用いることで，誰も疑問を差し挟む余地のない，
納得できる事柄，つまり原理や法則といった規則性が得ら
れるのである．したがって，規則性を見つけるということ
は，科学的な方法を用いることが必要となってくるのであ
る．以上の説明で「科学的な方法」の意味がわかっていた
だけたと思う．

OR は科学的な方法だ
　「科学的な方法」についての説明はこれぐらいで終わり

とし，本題の「ORは科学的な方法である」に戻ろう．

　ORは「用い方」を検討の主対象とする，ということはすでに述べた．解決案を提示する際は，最適であることはもちろんであるが，普遍的で，再現性のある用い方でなければならない．従来の用い方に不具合を感じ，それに代わる新たな用い方を示したものの，先ほどはそれで良かったのに，もう一度やってみると全く違った結果になった，あるいは，あの人たちの場合にはうまくいくのに，この人たちではどうもうまくいかない，というようなことでは困るのである．

　ハードについては，目標が効率的に達成できるように，科学的な知識と方法を駆使して研究し，作られているはずである．例えば，高速列車の形状はいい加減に決められることはなく，誰が，いつ，どこで運転しても高速で走れるように，空気力学や構造力学などといった科学的知識に基づき，最適な形状に決定されている．

　ところが，ソフトについてはどうかというと，用い方とその結果の関係については曖昧なままで，用い方が主観的に決められていることが多く，事実によって裏づけたり，論理的に導き出したりすることはほとんどない．つまり，ソフトについては，科学的には検討されていないのが現状ではないだろうか．したがって，ソフトは常に最善とは言えないのである．

　特に，用い方を提案，選定する際，事実によって裏づけられたものでもなく，また論理的に導き出されたものでも

ないことが多い．それにもかかわらず，「昔からこのように
やってきた」といった先人からの言い伝えとか，それまでの慣習，あるいは，いわゆる“ベテラン”の経験や直感，
思いつきなどを鵜呑みにして尊重し，それを採用してしまうことがあるので注意を要する．

　先人やベテランの言とはいえ，それが常に最適であるという保証はないのである．

　結果は，検討対象をとり巻くさまざまな要因によって定まる．したがって，同じ用い方をしても，ある要因については同じ状態であったとしても，他の要因について異なっていれば結果は違ったものになるということは言うまでもない．ベテランはそのあたりの摑み所，要点を知らず知らずのうちに体得しており，よく勘案しながら操作しているから，うまくいくのだろう．

　ベテランにとってはまさにコツではあるが，しかしそれ以外の人にとってはコツにはならないのである．そのコツのところが科学的に解明されれば，誰でもベテランになれるのだが．

　やはり，最適な用い方を見つけ，それを提案するには，1つにはその用い方を「誰が，いつ，どこで採用しても同様な結果が得られる」ということが必要であり，2つには「用い方と，それに応ずる結果との間に明確な規則性があり，結果の予測ができる」ということが必要である．

　したがって，普遍的で，再現性のある最適な用い方を導き出すためには，科学的方法を用いなければならない．す

なわち，OR は科学的な方法にならざるを得ないということである．

　つまり，OR は科学的方法を使って，用い方（ソフト）を提示しようとするものなのであり，OR は，ある現象（対象）について，用い方を含む要因とその結果との間の因果関係，すなわち，規則性を明らかにし，好ましい結果をもたらす用い方を求めるものである．

スタッフ機能である

　意思決定には，物理的な要素から精神的な要素に至るまで，通常，多くの面が関わってくるものである．意思決定をする際に，時折たいへん重要であり考慮しなければならないにもかかわらず，定量的に評価したり科学的にとり扱うことが極めて難しいものがある．例えば，士気とか伝統のような精神的要素などである．したがって，OR を用いて導き出された結論が，あらゆる面について熟慮し，検討された「完璧な提案」になるということは，残念ではあるが完全には望めないと言わねばならない．

　だから，OR は最適な用い方を提示するとはいえ，OR を用いて導き出された結論がそのまま決定内容となることはほとんどあり得ない．だから，OR ワーカーはスタッフの立場に位置し，OR による結論を意思決定に資する一意見として提示せざるを得ないのである．

　ただし，OR を用いて導き出された結論の中には，意思決定者が考慮する必要があるが OR ではとり扱えなかった

非定量的な面について，可能な限り言及しておくべきである．

　したがって，意思決定者は OR を用いて導き出された結論に，精神的要素などの科学的かつ定量的に評価できない評価結果やその他の検討結果などを考慮しつつ，これに意思決定者自身の考え方や経験などをもとにした判断を加えて，意思決定しなければならない．それが意思決定者の権限であり，責任となるのである．

　OR はスタッフ機能なのである．いずれの用い方にするのかを決めるのは，意思決定者である．OR ワーカーは意思決定を行わないし，また，行うべきではない．

4　OR の定義

　以上で OR とはどのようなものかについての説明を終える．OR というものについて，十分な認識をもっていただけただろうか．

　これまで述べてきたように，OR には，

　①ソフトである運用を検討の対象としている
　②定量的な評価をしている
　③科学的な方法である
　④スタッフ機能である

という 4 つの特徴があった．このような特徴をもった OR に対して，専門家たちによって定義づけが試みられてい

る．以下，いくつか紹介してみよう．

　第二次世界大戦当時，OR を用いて実際に諸問題を解決してきた業績のある P. M. Morse 氏と G. E. Kimball 氏の両者は OR を次のように定義づけをし，その特徴を端的に表現している．

　　OR とは，執行部にその管轄下にあるオペレーションズに関する決定に関して，定量的な基礎を与える 1 つの科学的方法である

他に，次のようにも定義づけがなされている．

　　OR とは，科学的な方法・手法・用具を体系の運用に関する問題に適用して，運用を管理する人に問題に対する最適な解を提供すること

　　　　　　　　　　　　　　Churchman, Ackoff & Arnoff
　　OR とは，科学的方法および用具を体系の運営方策に関する問題に適用して，方策の決定者に問題の解を提供する技術である

　　　　　　　JIS 規格（JIS　Z8121「OR 用語」）

　しかし後者 2 つの定義では，他の技法・方法にはあまり見られない OR のセールスポイントであり，OR の存在を際立たせる「定量性」という主要な特徴が隠れ，OR の真の姿がボケてしまうため，著者はこれら後者の 2 つの定義を

好まない.

　やはり，ORを実際の問題に適用して経験を重ね，ORの真の意義を熟知しているモース氏とキンボール氏の両者による最初の定義が，ORというものを的確に表現していると思う.

第2章
実際にOR を使ってみよう

　この章では，実際に「はじめに」に記した例題にOR を適用しながら，OR の具体的な方法を解説していこう．その前にもう一度，例題を示す．

〈例題〉────────────────────────────

　2両の敵の戦車が近づいてくる．各々の戦車の種類は異なっており，1両は撃破能力が高く，他は低い戦車である．味方にはどちらが撃破能力が高いのかわかるものとする．敵の各々の戦車には1発の弾が込められている．敵は，隠れている味方を探しながらきており，したがって，敵が先制して味方を射撃することはない．味方は2発の弾を込めた対戦車砲をもっており，短時間（1発目が当たったか外れたかを判断することができないくらいの時間）に2発を射撃する．味方が射撃すれば敵は味方の位置を知り，すぐさま射撃をしてくるため，2発の射撃は連続させなければならない．味方はいかなる行動を採れば良いか（図2-1）．

　なお，相互の撃破能力は次のとおりである．

・撃破能力の高い方の敵戦車は，平均して10発射撃して

　　　　そのうち6発命中

　　・撃破能力の低い方の敵戦車は，平均して10発射撃して
　　　そのうち3発命中

　　・味方の戦車は，いずれの敵戦車に対しても平均して10
　　　発射撃してそのうち4発命中

　ここでは話を簡単にするために，味方の行動としては，

　　　　A案：敵戦車の各々に1発ずつ射撃する
　　　　B案：敵戦車のうち，撃破能力の高い方に連続して2
　　　　　　　発とも射撃する

という2つの行動方針案の中，いずれかを採るものとしよ
う（撃破能力の低い方に2発とも射撃するという行動案は

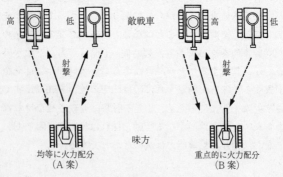

図2-1

あえて省いた).

1　どのようにORを適用するか

1.1　ORの一般的手順

　ORを実際の問題に適用する際の手順を知るために,「神風特攻機対策」の例話の流れを振り返ってみよう.

①まず最初に,「特攻機がどのように突撃してくるのか. 突撃をしてきた場合, 急激な退避運動によって命中を避けることもできるし, そのまま行動して対空火砲のみで特攻機を撃墜することもできる」などのように, 検討しようとしている場の全体の状況を把握した.

②そして「特攻機の突撃を避ける」という目的を掲げ, 対空火砲と, 急速な退避運動のいずれが良いのか明らかにしようとした.

③次に目的の達成度合いを定量化するために, 突撃を避け得る程度を測る"物差し"として, 特攻機の命中率を設定した.

④艦艇の行動と特攻機の最終状況についての戦闘データを収集し, 物差しである命中率と,「退避運動をする・しない」といった運用方法や艦艇の種類などの主要な要因との関係を表 2-1（表 1-2 を再表示）のように表にした.

⑤表 2-1 から, 大型艦の場合には退避運動をした方が命中率が低くなるなどの事実を見つけた.

⑥「特攻機の突撃に際しては, 大型艦は急激な変針を行

区　　　分		大型艦	小型艦	計
退避運動を した場合	特攻機が攻撃した回数	36	144	180
	特攻機の命中率（％）	22	36	33
退避運動を しない場合	特攻機が攻撃した回数	61	124	185
	特攻機の命中率（％）	49	26	34

└─ 主要な関係要因　　└─ 目的の達成度合いを測る物差し

表 2-1

　うべき」など対応要領を具体的に艦隊に提案した.
⑦「提案された戦術を採用した艦艇への命中率が採用し
　なかった艦艇よりも低かった」という結果を確認し,
　予測どおりの結果が得られていることを追証した.

　この例話の流れに沿って一般的な手順として整理する
と, 次のようになる.

①対象とするハードとその場の全体の状況（これらを**体
　系**と言う）を把握した.
②どうなれば良いのかという**目的**を明確にした.
③目的の達成度合いを測る物差し（これを**評価尺度**と言
　う）を決めた.
④体系から, 評価尺度と, それに大きく関わる運用方
　法・環境などといった主要な要因との因果関係（規則
　性）を把握して, その体系を, 運用方法に応じて評価

尺度値が数量的に求められるような形（これを**モデル**と言う）に表現した.
⑤モデルから，目的の達成度合いである評価尺度値を各運用方法ごとに求め，その中から最適な**運用方法**を求めた.
⑥意思決定者に具体的施策，付言事項を**提案**した.
⑦実行状況を**追跡調査**した.

　以上のことから，ORの方法を「一般的手順」として改めて示すと次のようになる.

　①体系を把握する
　②目的を明確にする
　③評価尺度を決める
　④体系をモデル化する
　⑤最適な運用方法を求める
　⑥意思決定者に提案する
　⑦実行状況を管理する

1.2　具体的に何をするのか

　以下，それぞれの手順ごとにどのようなことを行うのかを，例題を用いて具体的に説明しよう.

【手順1】体系を把握する

■体系の把握

　OR を適用しようとする場合は，一般的には，現在の運用を改善する場合か，あるいは新たなハードの運用を決める場合である．現在の体系がどのようになっているのか，あるいは，新たな体系がどのようになりそうなのかなどについて知っていなければ，運用をどのように変えれば良いのか，あるいは，どのような運用を案出すれば良いのかわからないはずである．したがって，OR を用いようとする際には，必ず検討しようとしている体系について把握しなければならない．そうしないと，現場感覚に欠けた現実からかけ離れた提案になってしまう．

　OR は，防衛分野はもちろんのこと，一般社会，産業界などといったさまざまな分野で用いられる共通の方法である．そのため OR を用いて諸問題を解決しようとする人は，よく知らない分野の問題解決にとり組む場合が多くなるものでもあり，このことは特に大切である．

　筆者も専門外の問題について何度か検討したことがあり，実状を知るためにたいへん苦労したものである．しかし，知らないがゆえに先入観にとらわれない，客観的な目で対象を見ることができたという利点があったというのも事実である．

　体系の構造の把握に当たっては，

　　・ハードはどのような機能，構造，諸元をもち
　　・いつ
　　・どんな環境（自然，敵）の中で
　　・誰（人数，職務）によって
　　・どのような順序・流れで
　　・どのように操作されるのか

などと，ひととおりの運用の様相をつぶさに観察し，

　　・関係する対象（自然，人，物，施設，場所など）には
　　　何があるのか
　　・いつ，どんな事象（行動，情報のやりとりなど）が生
　　　起するのか
　　・対象の間の関係（競争・協力，因果関係など）はどう
　　　なっているのか

などについて整理し，体系の全体像を把握する．
　　整理のしかたについては，これといった様式はなく，把
握しやすい形にまとめれば良い．「爆雷の深度調整」の例
で言えば，紹介したような「様相」の記述や，図 1-3 の図
形式でも良い．
　　なお，一度に検討対象全体を見渡すことは難しいので，
生起事象を時系列的に時間を追って観察していく（図 2-2）
か，空間的に部分ごとに観察していく（図 2-3）ようにする
のが良い．

図 2-2：時系列的に時間を追って観察していく方法

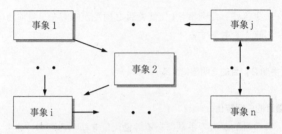

図 2-3：空間的に部分ごとに観察していく方法

　なお，例えば有料道路料金所の集金員の運用を把握しようとする時に，同じ形態であるスーパーのレジの店員の運用方法を参考にするなど，同様のハードの運用と対比しながら観察すると，具体的に把握することができるものである．場合によっては，素晴らしい運用方法を思いつくきっかけになることもあるので，ぜひ試してもらいたい．

■例題の場合
　体系の状況については例題に簡略化して述べているのでここに改めて言うまでもないが，あえて時系列的に述べると次のようになる．

- 戦車がある速度で近づいてくる
- 味方はこれをある距離で発見する
- 撃破能力の高い戦車を狙って射撃する
- 引き続いて，いずれかの目標を選択して 2 発目を射撃する
- 生き残った戦車（1 両または 2 両）が味方を発見する
- 味方を射撃する

【手順 2】 目的を明確にする

■目的の明確化

　この目的が次の手順にある評価尺度を決める際の「よりどころ」となるので，よく詰めておく必要がある．

　ここでは先に述べた運用によって，

- どういう目的を果たそうとしているのか
- どのような状態にしようとしているのか
- どうなれば良いと考えているのか
- 何のためにその活動をしているのか

などといったことを明らかにする．

　食器洗浄桶の例話での目的は，兵士を少しでも長く休養させることであったし，特攻機対策の例話での目的は艦艇の損害軽減であった．この他にも，兵士の健康を守ることであったり，特攻機をできる限り撃墜することが目的とな

る場合もあり，そうなると後節で述べるように評価尺度が変わり，一般的に言って最適案は異なってくるようになる．

　通常，目的は明確になっているものであるが，場合によっては意識されることもなく運用が定められていることもあるので，改めて目的というものを考えることが必要になることもある．

■例題の場合

　例題の場合には，1つには，後々の再度の戦闘に備えるためにも「できる限り，味方が生き残る」という目的もあろうし，他にも，味方の存否はともかく敵の戦闘意志をなくすために「敵の戦車を少しでも多く撃破する」といった目的を挙げることもできる．

　ここでは，後の展開を面白くするためにも，前者の目的「できる限り，味方が生き残る」をもっているものとしよう．

　後者の目的をもった場合との違いについては，【手順7】で面白い展開を紹介したい．

【手順3】評価尺度を決める

■評価尺度の必要性

　現体系，あるいは新規体系での運用方法を検討する際，改善案・新規案を案出したとして，いずれの運用方法が良

いかと考えていくことになる．しかし，この「良い」とい
う表現は抽象的であり，何をもって良いと考えるのか，そ
の判断基準が曖昧である．そのため，選択にあたってはそ
れぞれの選択対象の最適性を表す「良さ」の程度の評価に
必要な物差し，すなわち選択の根拠となる「評価尺度」が
必要となる．

　車やテレビといったハードを選ぶ場合でも，一般的には
どれが「良いか」と考える．しかし，実は暗黙のうちにも，
例えば，「排気量」とか「画面の大きさ」といった関心のあ
る事柄についての自分なりの評価尺度をもってそれぞれの
商品を評価し，その物差しで最高に評価されるハードを選
んでいるはずである．つまり，「良い」の中身を具体的にと
らえているのである．

　ソフトを選択する場合も，その方法は基本的には同じで
ある．選択の根拠となる，各運用方法が有する最適性を測
定する際の基準となる評価尺度が必要となる．

　特にORを用いて提案する際は，一般的に言って，考え
方，価値観，判断基準が自分とは異なる意思決定者に対し
て説明する場合がほとんどである．だから，なぜそれが提
案されるのか，何をもって最適と言うのかが理解され，納
得されなければならない．したがって，その根拠となる具
体的な「評価尺度」が必要となってくるのである．

　神風特攻機の例話の場合の評価尺度は「命中率」であり，
退避運動をする・しないといった運用方法の最適性を「特
攻機の命中率」というもので測り，より小さい命中率とな

る運用方法（大型艦の場合は退避運動をするなど）を選んだのであった.

■評価尺度の満たすべき条件

では，評価尺度として，どのようなものを選べば良いのかというと，通常，次のような条件を満たすことが要求される.

①目的達成の度合いを測り得ること
②定量化できること
③計量できること

さらに，望ましい要件として次の項目が挙げられる.

④物理的な意味をもっていること
⑤簡単なものであること

以下，これらの事項について詳しく説明しよう.

①目的達成の度合いを測り得ること

車やテレビといったハードを選択する場合，何を基準に選択するだろうか. 例えば，車の場合は長距離のドライブ旅行を目的とすれば，長時間にわたる高速運転の難易に影響を及ぼす排気量や静粛性が第1の選択基準になるだろう. テレビの場合には，家庭にいながらにして劇場での臨

場感を味わうということを目的にすれば，迫力が感じられる画面寸法が第1の選択基準になるだろう．

　このように，ある明確な目的があれば，それを直接的に可能にしたり，間接的に目的達成につながるような機能や構造などを優先するものであり，このような選択なら誰もが理解できるはずである．長距離ドライブを目的とするならば，決して車体のカラーとか，ドアの数というような目的達成に大きく関わらない要素を，第1にとりあげることはない．

　ソフトについても同じで，対象とするハードの運用方法を考えようとしている場合，なぜそのようなハードを保有し，何をしようとしているのかといった目的をもっており，通常その目的を効率的に達成しようとしているはずである．したがって，評価尺度としては目的の達成度合いが測定できることが要求されるのである．

　食器洗浄桶の再配置の話の場合，兵士が列を作って時間を無駄にしていることをORワーカーが問題と感じ，食後に少しでも休憩させることを目的に掲げた．待ち時間が短くなれば休憩時間が長くなることから，「待ち時間」というもので目的達成の度合いが測定できるととらえ，この「待ち時間」を評価尺度として検討し，これの短くなる桶の用い方を提案したのであった．

　ここで，目的と評価尺度との関係について示唆に富む，たいへん興味深い話をしよう．

　当時，ORワーカーの提案に従い，濯ぎ用の桶を1つに

なるように食器洗浄桶を配置し直した．ところが，濯ぎ用
の桶が１つになったために水の汚れ方がひどくなり，食器
の洗浄が不十分となって食中毒が発生した．兵士たちは
「OR ワーカーという学者先生は何という提案をしてくれ
たのだ！」と怒った，という後日談がある．

　食中毒の防止が目的となれば，評価尺度は「待ち時間」
とはならず，したがって一般的には桶の配置は変わってく
るはずである．つまり，先の例話のとおり食後に少しでも
休憩させることを目的とするならば，評価尺度は「待ち時
間」で良いだろうが，兵士の健康の維持が目的となれば，
評価尺度は例えば「食器の洗浄度」としなければならない
のである．

　このように，目的が違えば，評価尺度が違い，もちろん，
最適な運用方法も違ってくるようになるのである．

　特に，決して現実の問題に惑わされて短絡的に評価尺度
を決めてはいけない．つまり，

> 検討対象のハードを運用する状況をよく考え，運用の
> 真の目的を把握して評価尺度を決める必要がある．

　目的を見誤って評価尺度をとり違えそうになった事例
を，ふたたび文献［1］から紹介しよう．

商船搭載の対空火砲

　第二次世界大戦の初め，多くのイギリス商船が地中海で

独軍航空機の攻撃により撃沈された．そのために，一部の
商船に対空火砲が装備された．しかし，対空火砲は他の多
くの場所でも必要であり，また高価でもあるために，商船
に対空火砲を積むか積まないかの議論は約1年間ほども続
いたが，結論は得られなかった．対空火砲の撃墜率は低そ
うで，金をかけるだけの価値もほとんどないようにも考え
られる反面，積んでおけば商船の乗組員は積まない時より
も安堵感があるというのである．

　その後，対空火砲を積んだ時と，積まない時の交戦結果
のデータが集まったので，この問題を結論づけるためにデー
タを分析することになった．その結果，対空火砲ではわ
ずか約4パーセントの敵機しか撃墜していないことがわか
った．これでは対空火砲を据え付けておく価値はないよう
に思われた．

　しかし，考えてみると，撃墜率は対空火砲を据え付けて
おくか否かの正確な評価尺度ではないようである．対空火
砲は船を護るために据え付けてあるので，対空火砲を据え
付けそれを使用した時の方が，対空火砲を据え付けない，
または使用しなかった時よりも，船の沈没がより少なかっ
たかどうかということが妥当な評価尺度であるはずであ
る．

　つまり，「対空砲火が船に爆弾が命中する機会を減少さ
せるのに十分な程度に，敵機の攻撃の正確度に影響したか
どうか」が評価尺度として妥当であるということがわか
り，それを明らかにできるデータが集められた．その結果

項　目	対空火砲あり	対空火砲なし
投下爆弾	632	304
命中数	50	39
命中率（％）	8	13
攻撃された船	155	71
沈没した船	16	18
沈没率（％）	10	25

表 2-2：独軍航空機による商船の損害

を表 2-2 に示す.

　この表から，対空射撃によって航空攻撃の精度をかなり低下させるということが言えるし，対空火砲のある方が，船の沈没を免れやすいと言えるのである．つまり，対空火砲は商船の沈没する機会を 1/2 以下に減少させているので役に立っているのである.

　この例は当初，対空火砲積載の目的が敵航空機の撃墜にあると考え，「撃墜率」を対空火砲積載の適否を決める評価尺度にしようとした．しかし，対空火砲積載の真の目的は撃沈されないことであると思い直し，「沈没率」が妥当な評価尺度であるとして再検討し，正しい勧告をしたということである.

　なお，「撃沈されないこと」が真の目的であれば，評価尺度は「沈没率」ともなる．しかし出港しなければ 100 パーセント沈没しないので，「出港しない」という案も運用方法として挙げられることになり，これが最適の方法となって

しまう．これでは商船運用の本来の目的にかなわなくなってしまうので，ここでの真の目的をより正しく言えば「輸送を確保する」となるだろう．そうすれば評価尺度は「輸送量」となり，「出港しなければよい」というような運用方法はもち出されないですむだろう．このように，目的の立て方によっては，もちろん，評価尺度は異なってくるだろうが，列挙する運用方法の範囲も異なってくる場合もあるので注意を要する．

②定量化できること

　この条件は，前章で述べたようにORを特徴づけているものであり，ORには欠かせない条件となる．

　評価尺度を設けたものの，各運用方法の有する最適性が数値で表現できなければ尺度上に並べることもできず，したがって，比較もできないので最適なものを選ぶことができなくなってしまう．

　例えば，「業務処理能力」とか「継続性」というような，抽象的で感覚的な表現をしたものは評価尺度としては適切ではない．「業務処理件数」とか「持続時間」というような，具体的で誰もが共通した認識がもてるような表現となるものを評価尺度としなければならないということである．

　また，食器洗浄桶の例話の場合，最初の目的は「長く休養させる」ことであったが，目的が「健康の維持」になった場合，評価尺度を「健康度」にしようとしても，これを

科学的に数値で表すことは一般的には困難である．このような時は，目的達成に比例したり，同等と判断される別の評価尺度を考案する．例えば，「健康の維持」に比例すると考えられる「食器に付着している細菌数」とか，「腹痛患者数」というようなものを評価尺度とせざるを得ない．

　また，職場の「快適性」とか「士気」などといった精神的なものを評価尺度としても，やはり科学的に測ることは難しく，評価尺度としてはふさわしくない．そのような事柄を評価する必要に迫られた時は，その意味を考えて，それに代わり得るもの，例えば職場が快適であれば配置転換を希望する人は少ないし，士気が高ければ遅刻するような人は少ないと考えてよいので，各々「配置転換希望者数」とか「遅刻率」といったものを評価尺度にせざるを得ない．

③計量できること

　せっかく定量的な評価尺度を設定したとしても，運用の結果として実際に測定，あるいは，運用の結果から算定できなければ何にもならない．「待ち時間」とか「撃墜率」というように，誰が測定しても同じ値がもたらされるような，つまり科学的に求められる評価尺度でなければならない．

　例えば「潜水艦撃沈率」を評価尺度としても，海中で撃沈した潜水艦の数については確認できないこともあるために計上できず，正確な撃沈率は算定できないということもある．

　一見，計量できそうな表現であっても，よく考えてみることである．

④物理的な意味をもっていること

　評価尺度を定量的に表現できたとしても，それがどのような意味をもっているのかをイメージできるように具体的に説明できなければ，それを根拠にして探し出した運用方法を意思決定者や他の人に納得してもらうことは難しいだろう．したがって，評価尺度としたものが意思決定者に容易に理解されるような物理的な意味をもっていることが要求されるのである．

　例えば，軍事の分野で，作戦の適否を表現する際によく用いられる評価尺度に「交換比」というものがある．これは「敵の損耗数／味方の損耗数」で表される．分母の味方の損耗数が小さくて，分子の敵の損耗数が大きければ，つまり，交換比の値が大きければ大きいほど作戦としては良いということを表すものである．

　交換比は味方1単位の損耗に対して敵の何単位を損耗させるのかといった数値であるが，見方を変えて「いくらの投資でいくら儲けたのかという尺度で経営の効率性を表すように，作戦の効率性を表すものである」と説明すれば，意思決定者にさらに理解されやすくなることと思う（図2-4）．

〔甲作戦〕　　　　　　　　〔乙作戦〕

$$交換比 = \frac{30\,機を撃墜}{15\,機の損害} = 2 \qquad 交換比 = \frac{20\,機を撃墜}{20\,機の損害} = 1$$

∴甲作戦は乙作戦より 2 倍効率が良い

図 2-4

⑤簡単なものであること

　これも前項の条件の意味することに通じるかもしれない. 意思決定者にとってイメージし難いような表現の評価尺度, 特に, いわゆる「理論派 OR ワーカー」が好みそうな学問的, 専門的な表現となっている評価尺度では, 提案内容が理解され難い. したがってせっかくの検討が無駄になってしまうことにもなりかねない. 一見してもわからず, 詳しい説明を要するような評価尺度ではなく, 単純明解な表現の評価尺度であることが望ましい.

　確かに, ある運用によってもたらされる諸状況や結果を詳しく観察し, その最適性を正しく測定するための評価尺度を厳密に設定するとなると, 複雑な表現になりそうなこともある. 「そうであるにこしたことはないが, 真の絶対的な最適性を求めようとしているのではなく, いくつかある運用方法の『適性の相対的な比較』である」という観点からも, もっと単純な表現をした評価尺度ではいけないのかと見直すことも必要である.

　例えば, 先の「交換比」のところで簡単に「味方の損耗数」と表現した. 大きな戦闘を考える場合, 通常, 損耗数

の単位として「師団」という部隊の組織を考える．師団は，
人が構成単位となる歩兵部隊や，戦車が構成単位となる機
甲部隊，大砲が構成単位となる砲兵部隊，さらには兵器を
修理する部隊や弾薬・燃料を補給する部隊など，さまざま
な種類の部隊からなっている．同じ砲爆撃を受けたとして
も，それらの頑丈さが異なることもあって，当然のことな
がら歩兵部隊は10人の損耗，機甲部隊は戦車2両の損耗
などとそれぞれが違った規模・種類の損耗を被ることにな
る．そのため，実は「損耗数は1.2個師団」というように，
一言で「損耗数」を表現できないのである．

　このような時，ある論理によって人員の戦闘力を1とす
れば，戦車は人員の100倍の戦闘力があるので戦車1両の
損耗は100倍して100とすれば良いなどというふうに，い
わゆる「換算係数」を兵種ごとに設定して，各兵種の損耗
を等価に扱えるようにする．そのうえで，

　　師団損耗数 = 歩兵損耗数＋戦車損耗数×100
　　　　　　　　＋大砲損耗数×30…

のように合算して総括した「損耗数」というものを算出し
ようとしたこともあった．

　しかし，何もそれほど複雑にしなくとも，この場合には
真の損耗を求めることが必要ではない．用い方による戦闘
結果の違いがわかれば良いのであるから，「戦闘の帰趨に
大きく影響するのは機甲部隊の戦闘力である」という考え

方を提示し，したがって，戦車の損耗数のみを評価尺度とすれば良いとするのである．

■評価尺度の決め方

1 一般的な方法

評価尺度を決める一般的な方法は，

①【手順2】で明らかにした，ハードを運用する目的の達成度合いを定量的に表現できるものにはどのようなものがあるのか，とりあえず評価尺度の候補をいくつか列挙してみる．

②評価の限界，それらの長短，問題の有無などを検討する．

③満たすべき条件を考慮しながら，妥当と考えられるものを評価尺度として選定する．

となる．その際，例話でもたびたび示したように，目的にまで遡って見直すことも忘れないことである．

完璧な評価尺度というものは得難く，最良と考えられるものを採用せざるを得ない場合もある．このような場合は，もちろん提案する際にその旨を意思決定者に申し添えることは言うまでもない．

「食器洗浄桶の配置」の話で，評価尺度を設定する際の過程を仮想的に例示すれば，次のようになるだろう．

　兵士の食器洗いの実状を観察したところ，現在の桶の配
置のままでは兵士が食器を洗うのに行列を作って長い時間
待つことになるため，これを問題と感じた．これを解消し
ようとして，

①評価尺度を，解消に直接につながる「待ち時間」とし，
　これを短くする配置はほかにないかと探す．

②ここで，目的は「長く休憩させる」ということで良い
　のか，戦場では常に鍛えるべきだという考え方を思え
　ば，目的は「長く立たせて兵の足腰を鍛える」という
　ことになるのではないかと再考する．いや，休むとき
　はゆっくり休み，士気を高揚させるべきだろうと考
　え，目的はやはり「長く休養させる」で良いと結論づ
　ける．

③ところで，本当に評価尺度は「待ち時間」で良いのか，
　あるいは「行列の人数」の方が良いのではと新たに考
　え出す．いずれの案にも目的達成度合いの表現上の問
　題はなさそうだと考える．

④しかし，評価尺度としての条件である「計量性」につ
　いて考えると，「待ち時間」とした場合は，長く待つ人
　もいれば，ほとんど待たない人もいる．したがって
　「平均待ち時間」と修正しなければならなくなり，全員
　の待ち時間を測定しなければならないという問題が生
　じてくる．

⑤一方，「行列の人数」とした場合は，人数は時々刻々と
　変化するので，いつの時点で測定すれば良いのか，と

いう問題が出てくる．そこで修正して「最大行列人
数」とした方が良いと考えるようになる．この方が,
何人まで並んだのかを見ていれば良いからである.
⑥最終的に評価尺度としては,「最大行列人数」が望まし
いという結果となる.

2　考慮すべき目的が複数ある場合の方法

現実の問題を取り扱うようになると, 例話にもあったよ
うな「待ち時間」とか「撃沈率」といった, 単一の目的だ
けを考えて評価尺度を決めることは少なく, たいていは種
種の目的を考慮に入れながら決めることが多くなるもので
ある.

例えば「快適な組織としたい」という目的の場合,「快適
である」ためには「仕事がスムーズに流れる」ということ
でもあれば,「休憩時間が長い」「美人が多い」等々も考え
られる. このように, 目的というものは多次元的な要素を
もっているため, 複数の次元について評価せざるを得なく
なるからである.

そのような場合, 評価尺度をいくつも並べて各々の尺度
ごとに評価するわけにはいかない. そのようなことをすれ
ば, ある評価尺度についてはこの運用方法, 他のある評価
尺度についてはあの運用方法と, 最適案は用いる評価尺度
によって異なるようなことになり, 結局, OR ワーカーと
しての結論が出せなくなってしまうからである. 何とか工
夫をして評価尺度を 1 つに絞る努力が必要となってくる.

　複数の目的がある場合の評価尺度の決め方には，次のようなものがある．

　①より上位の目的に基づいて評価尺度を導き出す
　②評価したい項目を合成して評価尺度を作る
　③評価したい項目に重みづけをし，それを加え合わせて
　　評価尺度を作る
　④最も重要と判断される評価項目を選定し，それをもっ
　　て総合的な評価尺度とする

　以下，これらのことについて説明しよう．

①より上位の目的に基づいて評価尺度を導き出す

　並立する個々の目的を包括するより上位の目的を探り出し，その達成度を表す評価尺度を導くというものである．
　例えば，製品販売の会社において在庫をどれくらいにすれば良いのかを検討する場合，営業部門は，お客の要求に対して品切れのない方が売上げが伸びるので在庫は多いほど良いと言うだろう．逆に倉庫部門は，多くの品物をもてば保管の費用がかさむので在庫は少ない方が良いと言うだろう．この状態のままで，各々の部門ごとの目的に合わせて評価尺度を別々に「売上げ」「保管費用（保管場所の借り上げ費や照明費など）」として最適な在庫量を求めたとしても，前者の評価尺度では在庫を精一杯もった方が良く，後者では在庫を全くもたない方が良いという結論になるだ

けで，最適な在庫量は決まらない．

　このような場合，より上位の目的を評価尺度とするのである．すなわちいずれの部門も共に達成しようとしているはずの「利益を上げ，会社を発展させる」という目的を考え，「売上げ」から「保管費用」を差し引いた「利益」を評価尺度とするのである．こうすることによって，保管費用に見合う以上の利益が出せる最適な在庫量が求められるようになる．

　つまり，在庫が全くなければ保管費用はかからないが，品切ればかりとなって利益はなく，逆に在庫を極端に多くすれば品切れはなくて利益が上がるが，その利益よりも保管費用が大きくなり，全体として利益はマイナスとなってしまうのである．この中間の適当な在庫量をもつことによって，保管費用に見合う以上の利益が出るような最適な在庫量が求められるのである．

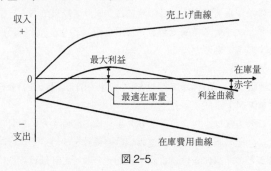

図 2-5

②評価したい項目を合成して評価尺度を作る

　この方法は，評価したい項目にプラス面とマイナス面とがあるような場合に特に用いられる．プラス結果からマイナス結果を差し引いて真の効果を評価したり，プラス結果をマイナス結果で割って，プラスがマイナスの何倍あるのかをもって運用方法の効率性を評価するというものである．

　作戦の良否を評価する場合，成果である「敵の損耗数」のみに目が向きがちであるが（プラス結果），やっつけたことばかりでなく，そのためにどれくらいの犠牲を払ったのか（マイナス結果）をも評価しなければ不十分であり，真の評価にならない．そのため，前に紹介した「交換比」が用いられ，これは「敵の損耗数／味方の損耗数」であった．

　同様に考えれば，パチンコの儲け方を評価する場合には，いくら儲けたかばかりでなく，そのためにいくら使ったのかが重要である．この時には，プラス結果である「儲け」とマイナス結果である「使用金額」との差を評価尺度とすべきであるとなる．

③評価したい項目に重みづけをし，それを加え合わせて評価尺度を作る

　この方法は，例えば図 2-6 のように，評価したい項目ごとに，その重視度を示す重みづけの係数を決め，それを項目ごとの結果にかけ，これらを加え合わせて評価尺度を作るというものである．各項目の相対的な重要度が反映され

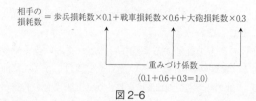

$$\begin{matrix}相手の\\損耗数\end{matrix} = 歩兵損耗数 \times 0.1 + 戦車損耗数 \times 0.6 + 大砲損耗数 \times 0.3$$

重みづけ係数
(0.1＋0.6＋0.3＝1.0)

図 2-6

れば良いが，係数の合計は通常1になるようにすることが
多い．

　係数については，意思決定者の考え方や重視事項などを
考慮して，どちらかと言えば主観的に決めることもある．
最近では，1つの「理論・技法」として，専門家などの意見
を反映させる AHP（Analytic Hierarchy Process，階層化
意思決定法）という，比較的客観的な方法を用いて決める
ケースが多く見られるようである．AHP の細部について
は，当該関係書籍（例：刀根　薫『ゲーム感覚意思決定法
AHP 入門』日科技連出版社，1986）を参考にしてほしい．
また，戦史や業務実績など，過去の事例を参考にしてバラ
ンスのとれた係数を導き出すという方法もある．

④最も重要と判断される評価項目を選定し，それをもって総合
的な評価尺度とする

　この方法は，多数の評価項目がある場合に適している．
意思決定者の方針に最も近いとか，目的達成に最も貢献す
るとか，最も留意すべき事項などを考慮して1つの評価項
目を選定し，それをもって総合的な評価尺度とするもので

ある．その際，選定の根拠を明確にする必要があることは
言うまでもない．

　作戦の適否を評価するような時，どれくらい多くやっつ
けるか（撃破数），どれくらい速くやっつけるか（攻撃前進
速度），敵の士気をどれほどくじくか（制圧度合い）などと
いったものを評価項目としてとりあげた場合，これらをど
のようにして統合しようかと考えるとたいへん難しくな
る．

　このような場合には，最初の「撃破数」を総合的な評価
尺度とするのである．というのは，撃破数が多ければ，攻
撃前進の邪魔をする敵が少なくなって攻撃前進速度も速く
なるのが一般的であり，かつ，撃破数の多さに驚いて敵の
士気も大きく沈滞する．つまり，「撃破数」が残りの2つの
尺度の程度をも表現していると考えられるからである．

3　評価項目をまとめることが難しい場合の方法

　場合によっては，なかなか1つの評価尺度にまとまらな
いことがある．そのような場合の処し方としては，1つは
最も重要と判断する項目を評価尺度として用いるが，その
際他の評価項目についてはある一定水準が満たされること
を制約条件とする，という方法がある．

　これは，前節の例での作戦の適否を評価するような時，
「撃破数」を評価尺度とするものの，各作戦の攻撃前進速
度，制圧度については，ある一定以上の度合いを満足させ
る作戦に対象を絞って「撃破数」で評価し，最適案を選定

していこうというものである.

■例題の場合

　説明がだいぶ長くなったが, では例題の場合, 読者の皆さんならば何を評価尺度に選ぶだろうか. これまでに述べたことを参考にして考えていただきたい.

　まず目的の確認であるが, 【手順2】で述べたように目的としては,

　　できる限り, 味方が生き残る

ということであった. とすると, どちらの案ならば生き残れるのかということから, 評価尺度としてはまず「味方の残存の可否」というものが挙げられるだろう. しかし, この評価尺度でそれぞれの行動方針に応ずる結果を求めようとしても, 「残存する」「残存できない」ということは, 弾が「命中する」「命中しない」という不確定事象などに依存するために, 定まるものではない. たまたまA案で敵を撃破し残存できたとしても, ひょっとしてB案でも残存できたという結果にもなるかもしれないのである. つまり, 「A案ならば残存する」「B案ならば残存できない」などと確定的な結果を得ることはできないということである.

　したがって, 各案に依ったならばどれくらいの残存の可能性があるのか, つまり何回も交戦したとするとどれくらいの割合で残存するのかといった「平均値的な表現」にせ

ざるを得ず，それにふさわしい評価尺度として，

　　　・・
　　味方の残存確率

をとりあげざるを得なくなる．そして，その値の高い方が
良い行動方針と判定すれば良いということになる．
　ここで，もし「敵の戦車を少しでも多く撃破する」こと
が目的であるならば「撃破できる敵戦車の数」が評価尺度
となるだろうが，これも同様に計量性の観点から，平均値
である「期待できる撃破数」を評価尺度とするのが最良と
なろう．
　なお，「味方の残存確率」が評価尺度であれば，ただ逃げ
るのみという行動方針も考えられる．しかし，逃げるだけ
であれば射撃されるだけであり，当然，他の行動方針より
も生存率が低下するので，この行動方針は最初から考慮外
に置かれることになる．
　以上のように述べてくると，評価尺度は簡単に導き出さ
れるものだと感じられたかもしれないが，実際，筋道立て
て論理的に評価尺度が決まっていくことはあまりない．仮
に決めてそれを検討したり，あるいはいままでの経験で概
略決まっている評価尺度案を目的に合致しているかどうか
改めて見直して新たな案を探し出す，というような過程を
繰り返して最良の評価尺度にたどり着くのが一般的であ
る．

【手順4】体系をモデル化する

■モデル化の意義

1 モデルの必要性

なぜ,モデルが必要なのか.

最適な運用方法を見つけるために,さまざまな運用方法を試してみて,評価尺度値を各々求めるようになる.その場合,「食器洗浄桶の配置」の例のように,小さい体系であれば構造は単純で,環境条件の把握は簡単であり,実際に実体系に運用方法を各々用いて評価尺度値を確認することもそれほど困難を伴わない.しかし,OR でとり扱う体系は,「神風特攻機対策」の例のように,一般的に大きく複雑であるため,自然環境の設定はもちろんのこと,経済的にも道義的にも,直接,実体系を用いて評価尺度値を確認するということは困難を極めることになる.このため,運用方法を試す対象として,実体系に代わり得るもの,つまり「モデル」というものが必要になってくるのである.

したがって,モデルが体系を正しく表現していないとなれば,以後の検討がどんなに精緻であっても人を納得させられないものとなるので注意を要する.

2 モデルとは

モデルとは,さまざまな結果をもたらす対象について,その結果と結果をもたらす諸要因との間の因果関係,すな

わち，規則性を表現したものである．つまり，モデルとは，実体系からその規則性（因果関係）を抜き出したもので，評価尺度値の観点から評価に必要な機能面のみをとり出し，式や図，表として表したものを言うのである．

　モデルというとミニチュアカーのような模型もその範疇（はんちゅう）に入るように思われるが，一般的に言って，定量的な評価尺度値が得られ難いため，ORではあまり用いられない．

■モデルの形

　体系がもたらす結果，つまり評価尺度値は，さまざまな要因によって決まるが，その要因は大きく2つに分類できる．それは，適用例にあった食器洗浄桶の配置や特攻機の攻撃を受ける艦艇の操舵などのように，自らの意志でどうにでもなる，用い方や行動などといった「運用方法」と，兵士が桶の位置に到着する時期や，特攻機の突入角度・風力や視界などのような体系をとり巻く自然など体系の置かれた場，さらにはさまざまな行動を採ろうとする敵の意志などといった，運用者自身ではどうすることもできない「環境」との2つである．

　したがって，モデルは，式，図，表といったいろいろな表現形式はあるが，評価尺度値が運用方法と環境の関数になるということから，基本的には次のような形となる．

　　評価尺度値 ＝ f(運用方法，環境)

　したがって，最適な運用方法を見つけるということは，環境によって定まる状況において，評価尺度値を最高にする運用方法を逆算的に求めるということになる．そのため，運用方法がなかったり，あったとしても1つしかなければ検討の意味はなくなる．

■モデル化のための一般的な方法

　モデル化することによって，体系の中で複雑に絡んでいる種々の要因の関係がスッキリと整理できて機能が浮き彫りになる．したがって全体が把握できて体系がとり扱いやすくなるため，問題の構造がわかるようになり，運用方法の改善・開発が容易となる．

　モデル化の一般的方法は次のとおりである．

　　①要因を抽出する
　　②要因間の関係を式や図，表で表す
　　③モデルを検証する

　以下，これらについて説明する．

①要因を抽出する

　まずは，体系を把握する時と同じように運用の様相を順順に追いながら，段階ごとに評価尺度値に影響を及ぼしそうな要素を，思いつくままにブレインストーミング的に列挙することである．影響を及ぼすとは，その要素の変化に

応じて評価尺度値を高めたり，引き下げたりすることを意
味する．

　その後，実績データの調査や小実験の観察の結果などか
ら，評価尺度値に大きく影響を及ぼすと考えられる要素を
抽出して要因とするのである．

　評価尺度値に及ぼす影響が小さいと考えられる要素は，
思い切って省くべきである．評価の精度を上げようと，多
くの要素をとりあげたとしても，モデルの構造が複雑にな
り，最適な運用方法を見つけるのが大変になるだけであ
る．おおかた誤差や不確実性のためもあって，努力してと
りあげた割には効果が少ないというのが一般的であるの
で，取捨選択の見極（みきわめ）が肝要である．

　では，どのような要因ならば省けば良いのかというと，
明確な基準はない．一案としては，その要因をとり込んで
評価尺度値を試算し，とり込まない時との差がそれまでに
観測された評価尺度値の誤差や不確実性によるバラツキの
範囲以内の値であれば省くという考え方がある．

　「神風特攻機対策」の例で言えば，「命中率」という評価
尺度に大きく影響を及ぼすと考えられた要因として，運用
方法である「退避運動をする」「しない」と，大型艦，小型
艦という「艦種」をとりあげている．特攻攻撃の場合を考
えれば，艦艇を揺らして命中率を低下させる「波浪の高さ」
や，「風力」などといった要素も環境要因として列挙された
ものと思われるが，その影響は少ないと判断され，要因と
しては採用されなかったのだろう．

　要因を抽出する際,「モデルの形」で述べたような運用方法, 環境（自然, 場, 敵）などと分けて整理すると把握しやすくなる.

　また,「兵士が桶の位置に到着する時期」といったような, 生起することが「不確定な要因」と,「深度調整のとおりに正確に炸裂する」というように, 生起することが「確定的な要因」とを区分して整理するのも, 要因の性格を把握するうえで助けとなる.

　要因の抽出・整理にあわせて, それぞれの要因について考慮すべき変動範囲も押さえておくことが必要である. 要因の数値がいくつからいくつまで変化するという連続的な場合もあるし,「神風特攻機対策」の場合, 艦種という要因について大型艦・小型艦と分けたように, 飛び飛びになる離散的な場合もあるだろう. これらの変動によって, 評価尺度値の変動範囲が決まってくるのである.

　要因を抽出する時に絶対に忘れてならないのは「運用方法」という要因であるが, それを抽出する際, 従来の運用方法に加えて新たな運用方法を案出しなければならない. 時として, 何をもって運用方法という要因にするのかを考え出さなければならないこともある.

　例題のように, 運用方法として「いずれの案が良いか?」と事前に複数の案が考え出されている場合もある. しかし一般的にはそういった既製のものにとらわれず, 各段階において新規の運用方法はないのか, 現行の運用方法についても順序の変更による改善はないのか, などと考えをめぐ

らすことが大切である．真の解決方法はその中からしか生
まれないので，これは重要である．

　「爆雷の深度調整」の場合で言えば，対潜航空機の飛行高
度をいくらにするかという運用については，一定の飛行高
度を設定していたためか，特に言及していなかった．実際
は，飛行高度によって相互の発見時期が決まり，それによ
って対潜航空機が潜没位置に到達するまでの時間が決ま
り，さらに潜水艦の深度分布が決まってくるので，「飛行高
度」という要素も実は運用方法の 1 つになり得るのであ
る．ひょっとして，そのままの調整深度でも，飛行高度を
変えることによって撃沈効果をもっと高めることができた
のかもしれない．

　さらに，案出した運用方法の違いが評価尺度値に波及す
るように，考慮すべき要因を抽出しなければならない．そ
の際には「メリット・デメリット分析」を行う．

　このメリット・デメリット分析とは，評価尺度値を高め
たり，引き下げたりすることにつながる利点・欠点を，定
性的に各運用方法ごとに対比しながら上げるということで
ある．そうしておいて，利点・欠点が評価尺度値にもたら
す影響を正しく評価するためには，どんな要因をとり込ま
なければならないのかを考え，それを要因としてとり込む
のである．

　というのは，運用方法によって評価尺度値が変わってく
るようなモデルにしなければならない．つまり，「どんな
運用方法を採っても結果は変わらない」ということがない

ようにするのである.

　「神風特攻機対策」の場合を借りて言えば,「どのような退避運動が良いのか?」について検討するとして, 運用方法としては「艦側を向ける」と「艦首または艦尾を向ける」を挙げたとしよう. 評価尺度「命中率」の観点からの「メリット・デメリット分析」の一例を示せば, 表 2-3 のようになる.

　したがって, このような場合, 撃墜や突撃の度合いを評価することが必要となり, そのためには「艦艇の火砲の数」「特攻機の突入角度」「突入誤差分布」「突入角度に応ずる艦艇の面積」といった要因をとり込まなければならなくなる. そうしなければ, 運用方法を変えたとしても, その良さ, 悪さが考慮されず, 正しく評価されないということに

運用方法	メリット	デメリット
艦側を向ける	・特攻機に指向できる砲身の数が多く, 撃墜能力が高くなり, 命中率は低くなる ・高空からの特攻機に対する目標面積が小さく, 突撃され難く, 命中率は低くなる	・低空からの特攻機に対する目標面積が大きく, 突撃されやすくなり, 命中率は高くなる
艦首または艦尾を向ける	・低空からの特攻機に対する目標面積が小さく, 突撃され難く命中率は低くなる	・特攻機に指向できる砲身の数が少なく, 撃墜能力が低くなり, 命中率は高くなる ・高空からの特攻機に対する目標面積が大きく, 突撃されやすくなり, 命中率は高くなる

表 2-3：メリット・デメリット分析表

なってしまう.

　要因としてとりあげるか, とりあげないかの判断をする
際, 表面的に見るのではなく, 見過ごしがちな小さなこと
であっても, 目的に対して重要な意味をもっていないのか
検討する柔軟な態度が必要である.

　例えば, 戦闘場面において, 敵戦車の突進を阻止するた
めに防御陣地の前に壕を掘ったりする. 壕は突入の速度を
遅らせるだけで, 一見, 敵戦車の撃破数という評価尺度の
観点からは何の意味もなく, 要因としてとりあげるまでも
ないように思われるが, 実は戦車を一時的にストップさせ
ることによって狙いやすくなる. つまり, 静止している戦
車は照準しやすいことから味方の対戦車火器の命中率を高
めることができ, 敵戦車の撃破に大きく寄与するものであ
り, 重要な要因となるのである.

　このように各要因を定量化しようとすると, 物の見方が
具体的になり, その価値, 意義がしっかりと見られるよう
になるものである.

　また, 様相を自分の都合に良いように一方的に考えない
ことも重要である. 自然や敵は, 考えてもみなかったよう
な, 特に敵は自分にとって反対の行動をとるものである.
場合によっては, 敵の出方によって新たな要因を考慮しな
ければならないこともあるので, よく様相を考察すべきで
ある.

　例えば, 戦闘場面において, 視界は常に良好と考えてい
たのに, 敵が発煙によって味方の視界を妨げるということ

もある．したがって，それまで発見度合いについて考慮する必要もなかったのに，新たに発見率という要因をとり込まなくてはならなくなることもある．

②要因間の関係を式や図，表で表す

　次の【手順5】で述べるように，数値計算をしたり，あるいはシミュレーションをしたり，統計分析をするといった，モデルから最適な評価尺度値を得る方法を考慮しながら，要因を組み合わせ，あるいは細分化してモデルの形に表す．型式は式，図，表の中から表現しやすいものを選べば良い．

式で表す場合

　例えば，評価尺度値が，

　　評価尺度値 ＝ A＋B×C

として求められるとして，次に各項目の A, B, C が求められる式を検討して，

$$A = m×n$$
$$B = p×Q$$
$$C = s+t$$

のように表せることを見つけ出す．ここで，m, n, p, s,

t は要因レベルのデータとする．さらに，項目の Q につい
ては g, h, k という要因レベルのデータを用いて，

$$Q = g + h \times k$$

　　ただし，

　　　h ＝ 10：運用方法が甲案の場合
　　　　＝ 50：運用方法が乙案の場合

のように表せることを見つけ出す，というようにしてどん
どん細部を具体化していく．

　このように，先ず最初に評価尺度値がどんな式で求めら
れるのか組み立て，次にその式に含まれる各々の項目がど
のような算定式で求められるのかを考える．そしてその算
定式を構成している各々の項目が，さらにどういった算定
式で求められていくのかという具合に，最初は概念的な式
の形で考え，それから段々と細分化・具体化していき，個
個の要因のデータを用いるレベルまで落としていくように
する．このようにすれば，細部にとらわれることもなく，
もれもなくせるのである．

　この時，設定する項目の算定式が求められるかどうかと
考え込まないことが大切である．とにかく組み立て，細部
は後で考えるようにする．そのためにも，後述の例題の場
合に示すように，項目を括弧書きの文章表現の形で考えて

いくと良い.

　このような場合は，通常，数値計算や解析によって最適
な運用方法を見つけるようになることが多い.

図で表す場合

　図2-12や図2-13（108ページ）のように，どの段階で，
どんな要因が関わり，またその要因がどのように組み合わ
さって最終的に評価尺度値が求められるようになるのかを
図で表したものを，「図モデル」という.

　図の表し方は，模式図やフローチャートのようないろい
ろな方法があるが，特に決まったものはない.

　食器洗浄桶の例で示せば，評価尺度を「最大行列人数」
とすると，関係する要因は「兵士の到着」と「洗う時間」
として，洗い桶（1個の場合）の場所での様相は図2-7のよ
うになる.

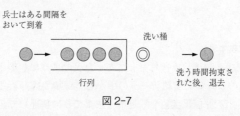

図 2-7

　これを図モデルで表そうとすると，後で述べる「シミュ
レーション」という解法を意識しながら，種々の条件を具
体化してその関係がわかるようにしたものが図2-8のように
なる.

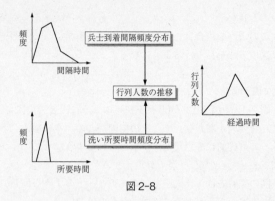

図2-8

　つまり，評価尺度の「最大行列人数」を求めるには，行
列人数の推移がわかれば良いのであり，これは各兵士が何
分ごとに到着するのかということと，各兵士が洗い終える
のに何分かかるのかということから求められるからであ
る．

表で表す場合

　例話「神風特攻機対策」にあった表のように，例えば表
2-4のように，実績データの中から各環境要因，条件など
に応ずる評価尺度値を，運用方法案ごとに整理して記述す
る．

　このような場合は，通常，統計分析によって最適な運用
方法を見つけるようになることが多い．

　モデル化はアート・芸術の類であり，モデル化の極意や

運用方法案	環境要因 1		環境要因 2	
	その 1	その 2	その 1	その 2
運用方法-甲				
運用方法-乙		(評価尺度値)		
運用方法-丙				

表 2-4

でき上がりの原案はない。これ以上細部のモデル化の方法
は，体系に応じた個別的な内容にならざるを得ないので，
説明は省略する。

　なお，ある体系の基本的な形態については既にモデル化
され，「理論・技法」として確立しているものがある。モデ
ル化するうえで，これら既存のモデルを参考にしたり，適
宜，体系に合うように修正，拡充して活用することも良い
方法である。

　例えば，売上げ率が異なる数種類の製品を製造する場
合，限られた材料で各製品を何台ずつ製造すれば，全製品
の完売時の売上げが最大になるのかといった生産計画問題
には，「数理計画法」が応用できる。駅の券売機を何台か設
置した場合，客が何人程度，あるいは何分程度待たされる
ようになるのかなどを検討する際には，「待ち行列理論」が
利用できる。これらは，さまざまな分野で何回となく用い
られてきたこともあって一般化されている。

　この他にも，「在庫理論」「取り替え理論」「動的計画法」
「探索理論」などといった「理論・技法」があるので，これ
らについてはその関係の書籍を参考にしてほしい。

「理論・技法」を利用する際に注意する点は,

> 「理論・技法」に合うように実際の体系を歪ませてモデル化するのではなく, 体系に合うように「理論・技法」をあてはめ, あるいは,「理論・技法」を修正してモデル化する.

ということである.

　モデル化がうまくできるようになるには, やはり, 経験を積むよりほかに近道はないと思う.

③モデルを検証する

　前項で求めたモデルが検討の基となるため, 提案の内容はモデルの出来具合で決まってしまうことになる. もちろんモデルが実対象を正しく表現していなければ, 誤った提案をしてしまうことになる. したがって, その検証が必要である.

　特に式と図で表した場合, 真にそういう関係があるのか, 自分だけの思い込みではないのかを確認する必要がある. そのために, 第三者の意見を聞いたり, 実績データがあてはまるかどうか, あるいは, モデルにいくつかの条件を設定して試算し, その結果について論理的に説明がつくかどうかを確認したりしなくてはならない. さらに小実験などによる結果とを比較したりして, モデルが実対象を適切に表現しているかどうかを確認することが重要である.

そして必要ならば，それを修正していくことが重要である．

　この部分は，OR が科学的方法であると言われる理由を示す重要なところなので，特に大切である．

■例題の場合

1　要因を抽出してみる

　交戦の様相の概略は，次のようになる．

①敵の戦車がある速度で近づいてくる．
②味方はこれをある距離で発見する．
③撃破能力の高い戦車を狙って射撃する．
④引き続いて，いずれかの目標を選択して 2 発目を射撃する．
⑤生き残った戦車（1 両または 2 両）が味方を発見する．
⑥味方を射撃する．

　評価尺度は「味方の残存確率」であったので，それを念頭に，起こり得る事象とそれに関わる関係要素を時系列的に列挙すると，表2-5のようになる．

　というのは，例えば「敵戦車を発見する」の関係要素について言うと，発見の度合いは，地形の起伏や靄などによってその良否が左右される「視界」や，使用する双眼鏡の解像力などといった「味方の発見能力」，敵戦車の大きさや

生起事象	関係要素
敵の戦車を発見する	視界，味方の発見能力，戦車の形状等
味方が（2 発）射撃する	味方の射撃精度，戦車の速度・形状等 味方の射撃の仕方（火力配分）
敵が味方を発見する	視界，敵の発見能力，味方の形状等
敵が（2 発）射撃する	戦車の射撃精度，味方の形状等

↓

味方の残存確率

表 2-5

　その色彩などといった「戦車の形状」などによって定まる
と考えられるからである．また，「味方が（2 発）射撃する」
の関係要素についても，射撃結果は射撃した弾が狙った点
の周りにどれくらいばらつくのかといった「射撃精度」や，
目標となる敵戦車の大きさやその表面の傾斜などといった
「形状」などによって大きく影響を受けると考えられるか
らである．

　しかし，例題では簡略化し，発見については確実にでき
るとし，関係要素である「射撃精度」と「戦車の速度」を
統合して「撃破確率」という 1 つの要因にまとめたりと，
個々に考慮しなくとも良いように設定した．そのようにし
て設定した要因と生起事象は表 2-6 のように整理できる．

　蛇足ではあるが，例えば撃破確率といった形でデータが
整っていなければ，それを求めるのに必要な要素を列挙
し，それぞれを要因としてとりあげなければならない．要
はまず列挙し，その後，取捨選択・分解・統合していけば

生起事象	要　因
味方が（2発）射撃する	味方の撃破確率 味方の射撃の仕方（火力配分）
敵が（2発）射撃する	（高能力，低能力）戦車の撃破確率

味方の残存確率

表 2-6

良い.

2　要因間の関係を式や図，表で表す

2-1　式で表す

　まず最初に式で表す場合を述べよう．確率計算をもち出すため，難しく感じられるかもしれないが，できる限りわかりやすい表現で説明したい．ここで，

P_H：撃破能力の高い敵戦車 H の撃破確率
P_L：撃破能力の低い敵戦車 L の撃破確率
P_0：味方の撃破確率

とすると，交戦の状況は図 2-9 のように表される.

　評価尺度は「味方の残存確率」であったので，A 案の場合の「味方の残存確率」を S_A とすると，味方が生き残ることができるのは H と L の両方の戦車からの射撃に対してともに撃破されない場合のみであるから，

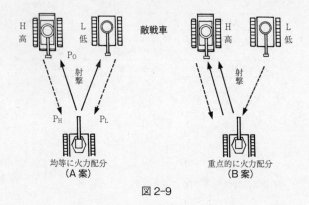

図 2-9

$S_A = S(H$ の射撃から残存し，かつ，L の射撃から残存する)

$\quad = S(H$ の射撃から残存する)$\times S(L$ の射撃から残存する) $\qquad (1)$

となる．ここで，$P(\bigcirc\bigcirc\bigcirc)$，$S(\bigcirc\bigcirc\bigcirc)$ という表記は「〇〇〇」という事象が生起する確率であることを意味する．また，"かつ"がかけ算となるのは，例えば，52枚のカードの中から1枚引いた時に，そのカードがダイヤで"かつ"偶数である確率 $P($ダイヤ "かつ" 偶数) は，

$\quad P($ダイヤ "かつ" 偶数$) = P($ダイヤ$) \times P($偶数$)$

となることから容易に理解されるだろう．

ところで，(1) 式の各項目については，

S(H から残存する)

=S(H を射撃し，これを撃破して残存するか，あるい
　　は，H を射撃するが撃破できず，H から射撃される
　　が撃破されずに残存する)

=S(H を射撃し，これを撃破して残存する)

　　+S(H を射撃するが撃破できず，かつ，H から射撃
　　　されるが撃破されずに残存する)　　　　　　(2—1)

同様にして，

S(L から残存する)

=S(L を射撃し，これを撃破して残存する)

　　+S(L を射撃するが撃破できず，かつ，L から射撃
　　　されるが撃破されずに残存する)　　　　　　(2—2)

と表すことができる．これらは図 2-10 のように，敵を撃
破できる（この時には敵からは射撃されない）場合もあれ
ば，撃破できない場合もあり，その場合分けが必要となる
ためにそのような形になるのである．

ここで，"あるいは" が足し算になるのは，前述と同様に
例えば，52 枚のカードから 1 枚を引いた時にそのカードが
ダイヤか，あるいはハートである確率 P(ダイヤ "あるい
は" ハート) は，

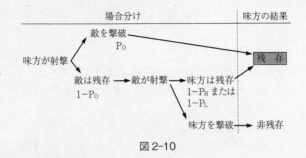

図 2-10

$$P(ダイヤ\ ``あるいは"\ ハート) = P(ダイヤ)+P(ハート)$$

となることから容易に理解されることと思う.

また,さらに (2) 式の各項目については,

S(H を射撃し,これを撃破して残存する)
 $= P_0$

S(H を射撃するが撃破できず,かつ,H から射撃される
 が撃破されずに残存する)
 $= (1-P_0) \times (1-P_H)$

S(L を射撃するが撃破できず,かつ,L から射撃される
 が撃破されずに残存する)
 $= (1-P_0) \times (1-P_L)$

S(L を射撃し，これを撃破して残存する)

  $= P_0$

と表すことができる.

  ゆえに，A 案の場合の「味方の残存確率」S_A は，

$$S_A = \{P_0 + (1-P_0)(1-P_H)\}\{P_0 + (1-P_0)(1-P_L)\}$$
$$= \{1-P_H(1-P_0)\}\{1-P_L(1-P_0)\}$$

となる.

  一方，B 案の場合の「味方の残存確率」S_B については，

$$S_B = S(H から残存する) \times S(L から残存する)$$

となる. これも両方の戦車から生き残ることが必要になるからである.

  ところで，

S(H から残存する)

  = S(H に対して 2 発射撃し，H に少なくとも 1 発命中
    して撃破し，残存する)

    + S(2 発とも命中せずに H を撃破できなかったが，
      H の射撃から残存する)

S(L から残存する)

= S(L から射撃されるままでいたが，撃破されずに残
　存する)

と表すことができる．前の式については A 案の時と同様
に，敵を撃破できる場合もあれば，できない場合もあり，
その場合分けが必要となるためにそのような形になるので
ある．後の式については，説明を要しないだろう．
　また，

　S(H に対して 2 発射撃し，H に少なくとも 1 発命中して
　　撃破し，残存する)
　　= $1-(1-P_0)^2$

となるが，これについては図 2-11 の説明からこのような
結果となることがわかる．

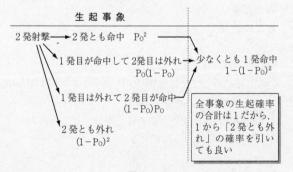

生 起 事 象

2 発射撃 → 2 発とも命中　P_0^2

1 発目が命中して 2 発目は外れ → 少なくとも 1 発命中
$P_0(1-P_0)$　　　　　　　　　$1-(1-P_0)^2$

1 発目は外れて 2 発目が命中
$(1-P_0)P_0$

2 発とも外れ
$(1-P_0)^2$

全事象の生起確率
の合計は 1 だから，
1 から「2 発とも外
れ」の確率を引い
ても良い

図 2-11

さらに,

S(2 発とも命中せずに H を撃破できなかったが, H の射撃から残存する)
  = $(1-P_0)^2(1-P_H)$

S(L から射撃されるままでいたが, 撃破されずに残存する)
  = $(1-P_L)$

と表すことができる.

　ゆえに, B 案の場合の「味方の残存確率」S_B は

$$S_B = [\{1-(1-P_0)^2\}+(1-P_0)^2(1-P_H)]$$
$$\qquad \times (1-P_L)$$
$$\quad = \{1-P_H(1-P_0)^2\}(1-P_L)$$

を得る.

　これまでの一連の式は, 確率の計算としては初歩的なものであるが, 苦手な方はその分野をよく知る人に任せれば良い. OR ワーカーにとって大切なことは, どのように検討していくのかを考え, ここに至るまでの道筋をつけ, 何をすれば良いのかを見つけることである.

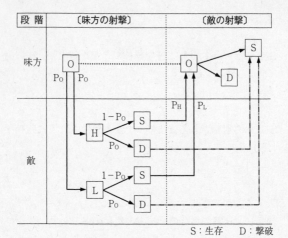

図 2-12

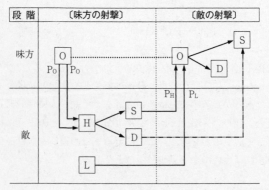

図 2-13

2-2　図で表す

次に図を用いて表す場合を述べよう.

時によっては, 確率のとり扱いがわからないこともあ
る. そのような時には, とりあえず図を用いて表現してみ
る. その後, それに基づいて解法を見つければ良いのであ
る. 図を用いるとなるとさまざまな表し方ができる.

もちろん, 例題と一緒に示した図も1つのモデルである
が, 他の一例を示すと次のようになる.

A案の場合は図2-12 のようになる.

B案の場合は図2-13 のようになる.

3　モデルを検証する

求めた数式の検証については, 撃破確率 P_0, P_H, P_L の
値を変化させて「味方の残存確率」を計算し, 撃破確率の
値の変化に応ずる味方の残存確率の変化が感覚的に納得で
きるのか, あるいは, 論理的に説明できるかどうかを検討
する. また類似の戦闘データがあれば, それと合致してい
るかどうかを確かめることが必要である.

値を変化させて検証する時は, 極端な値にするのが良
く, 例えば, 味方の撃破確率 P_0 を1として, P_A, P_B を求
めてみると,

$$P_A = 1$$
$$P_B = 1 - P_L$$

となり，数式上は常に A 案，すなわち均等配分が最適となる．この結果と，1 発で確実に敵を倒せれば 1 発ずつ射撃した方が良いという直感とが一致するので，モデルは妥当と判断することが出来るのである．

【手順 5】実際に最適な運用方法を求める

■ どのように求めるのか

【手順 4】までのモデル化によって体系が次のような形になり，どのような環境の下で，どういう運用（入力値）をすれば，どれくらいの評価尺度値（出力値）が得られるようになるのかといった構造が明らかになった．

評価尺度値 ＝ f(運用方法，環境)

こういう構造（目的とする体系の因果関係）がわかれば，最適な運用方法は次のような方法で見つけられるようになる．

1 つは，特攻機対策で退避運動を「する」「しない」のように，検討したいいくつかの運用方法案が事前にわかっている場合で，「各々の運用方法によってもたらされる評価尺度値を比較し，その中から評価尺度値が最良となる運用方法を見つける」というものである．つまり，運用方法案の比較である．

もう 1 つは，爆雷の深度調整のように運用方法が連続的

に変えられる場合で，「最良の評価尺度値をもたらす運用方法を見つける」というものである．つまり，最適な運用方法の探索である．

　実際に運用方法を見つけるためには，大きく分けて「実際に実対象を操作して，最適な運用方法を見つける」場合と，「実対象の代わりであるモデルを操作して，最適な運用方法を見つける」場合の 2 つの方法がある．これらの実行の可能性や効率性，容易性などを考えて方法を決めれば良い．

■実対象を操作して最適な運用方法を見つける方法

　この方法は，「食器洗浄桶の配置」の場合であれば，実際に桶の配置をいろいろと変えてみて兵士の行列を観察し，最大行列人数が最も少なくなる配置を見つけるということになる．

　実対象を操作するのだから，通常，検討対象の規模が小さい場合に用いられる．モデルの構築時に明らかになった要因ごとに条件を設定し，各運用方法を検討対象に試して評価尺度値を測定し，それらを比較することによって最適案を見つけるものである．

　得た結果は，実対象を操作しているために運用結果が明快で，説得力があり，疑問を差し挟む余地がない．しかし，この方法を採ることは，お金をかけられない，実戦はできない，時間の余裕もないなど，いろいろな面でかなり制約されるだろう．

　また，個々の場面を観察することでどのような状況にお
いても通用する一般性ある最適案を見つけるには，多くの
労力を必要とするだろう．というのは，最適とする運用方
法案がさまざまな条件下で最適であることを確かめなけれ
ばならないからである．「食器洗浄桶の配置」の場合でも
一般性をもたせるには，いろいろな料理の場合について待
ち時間を計測する必要があるのである．なぜならば，脂っ
ぽい料理の場合には洗うのに時間がかかるだろうし，あっ
さりした料理の場合には洗う時間が短いだろうから，状況
が同じでないことは容易に想像できる．
　もちろんこの方法は，新たに作ろうとする体系について
の検討には採用できないことは言うまでもない．

■モデルを操作して最適な運用方法を見つける方法

　この例としては，「神風特攻機対策」を思い出していただ
ければ良いと思う．粗っぽい言い方をすれば，実対象には
手を加えず，モデルにデータを代入して最適な運用方法を
見つけるということである．
　実対象を操作していないために，検討結果が万人にすん
なりとは受け入れられない場合もあるという難点はある
が，モデルを操作できるので，検討対象の規模の大小にか
かわらず，さまざまな条件が手軽に設定でき，各々の場合
の評価尺度値を容易に求めることができる．そのため，ほ
とんどの場合，この方法に頼ることになってしまうのであ
る．

　最適な運用方法を見つける方法は，基本的には次のように分けられる．

　つまり，モデルに諸データを代入し，計算していって最適案を見つける「数値的方法」と，モデルとして表現された数式を記号のまま操作して最適案を見つける「解析的方法」とに大きく分けられる．見つけた最適案に一般性をもたせるには，数値的方法によるよりも解析的方法によった方が容易である．このことについては次に述べる例題の場合で説明しよう．

　また数値的方法は，単純計算や「理論・技法」の１つである統計分析など，定められた手順にしたがって計算を進めていき最適案を見つける「計算的方法」と，実対象の動きを数値で真似て運用結果を求める「シミュレーション」を用いて最適案を見つける「実験的方法」とに分けられる．

　例題では数式と図でモデルを構築したので，まず数式モデルから計算的方法と解析的方法とを用いて最適案を求める要領を示し，その次に図モデルから実験的方法であるシミュレーション技法を用いて最適案を見つける方法を紹介しよう．

■例題の場合

1　計算的方法による場合

　例題をモデル化した数式は，A 案（均等配分）の残存確率 S_A については，

$$S_A = \{1 - P_H(1 - P_0)\}\{1 - P_L(1 - P_0)\}$$

であり，B案（重点配分）の残存確率 S_B については，

$$S_B = \{1 - P_H(1 - P_0)^2\}(1 - P_L)$$

であったので，この式に各々のデータを代入して評価尺度値である「味方の残存確率」を算出し，その値が大きい方を最適案とすれば良い.

したがって，

$$S_A = 0.5248$$
$$S_B = 0.5488$$

となり，ゆえにB案が最適案となる.

このように，計算的方法とは数値を直接とり扱って最適案を見つけるものである.

計算的方法には，条件が異なったりしてデータが少しでも変われば評価尺度値も変わるので，再計算して最適案を見つけ直さなければならないという難点があることは言うまでもない.つまり，計算的方法での単一の算定結果だけから見つけられる最適案は，前提とした単一の特定の条件の下でしか通用しないという特殊性を有しているということである.

したがって，条件が少しでも変わるとそのままでは最適

案がわからなくなり，改めて最適案を見つけるのに時間がかかり，対応が遅れることになってしまう．条件というものは容易に変わり得るものであり，問題である．

ここで，最適案が定まるメカニズムを知っていれば，条件の変化に応じてどのような案が最適になるのかがわかるため，対応が速くなる．また，こういう場合にはこう考え，こういう条件となればこうする，といったような原則的事項や教義的事項として述べることができるようにもなるのである．

最適案が定まるメカニズムを知るためには，さまざまな運用条件を考え得る範囲にわたって設定して組み合わせ，その組み合わせごとに計算し，運用条件ごとの最適案の全体像を把握することが必要となる．

例題において構造を明らかにしようとするならば，敵と味方の撃破率の値がとり得る範囲にわたって「味方の残存確率」を計算する必要がある．組み合わせの数が多くなるので，精選してその結果を示すと表 2-7 のようになる．

味方	敵		
P_O	$P_H=0.9$, $P_L=0.1$	$P_H=0.7$, $P_L=0.3$	$P_H=0.55$, $P_L=0.45$
0.7	0.70/0.83	0.72/0.66	0.72/0.52
0.5	0.52/0.70	0.55/0.58	0.56/0.47
0.3	0.34/0.50	0.40/0.46	0.42/0.40

表 2-7：S_A/S_B の値

表 2-7 から，敵と味方の撃破率の組み合わせに応ずる最適案を示す（分数表示の数値（A 案／B 案）のうち，大き

味方	敵		
P_0	$P_H=0.9,\ P_L=0.1$	$P_H=0.7,\ P_L=0.3$	$P_H=0.55,\ P_L=0.45$
0.7	B	A	A
0.5	B	B	A
0.3	B	B	A

表 2-8：組み合わせに応ずる最適案

い方の案をとる）と表 2-8 のようになる.

　これらの結果から，条件に応じて最適案がどのように変わっていくのかが見渡せ，最適案が定まるメカニズムを汲みとることができる. すなわち，左欄の条件 ($P_H=0.9$, $P_L=0.1$) にあるように，敵の撃破能力の差が大きければ，味方の撃破能力がいくらであろうが撃破能力の高い方に 2 発とも集中して射撃すべき（B 案）であり，右欄の条件 ($P_H=0.55$, $P_L=0.45$) にあるように敵の撃破能力が同程度であれば，味方の撃破能力に関係なく 1 発ずつ両者を射撃すべき（A 案）であるということが読みとれる. 中央欄からは，敵の撃破能力の差が小さい場合には，味方の撃破能力が大きければ両者を 1 発ずつ射撃すべきであり，小さければ撃破能力の高い方に 2 発とも集中して射撃すべきであるということが読みとれる.

　なぜこのようになるのかと言えば，敵の撃破能力の差が大きい場合に撃破能力の高い方を射撃するのは，撃破能力の低い敵の射撃からは生き残りやすいので，そちらは放っておいて撃破能力の高い方をできる限りやっつけておいた方が良いからである.

　敵の撃破能力が同程度の場合に両者を射撃するのは，両者の脅威が同等であり，偏ることなく，敵の残存性をともに低下させて味方が残存できるようにした方が良いからである．

　また，敵の撃破能力の差が小さい場合には，味方の撃破能力が大きければ1発で敵を撃破できる可能性が高いので，両者を1発ずつ射撃した方が良い．

　味方の撃破能力が小さければ1発で撃破できる可能性は低いため，撃破能力が少しでも高い方に2発射撃し，これをできる限りやっつけておいた方が良いからである．

　このような，見つけた最適案に対する理由づけは重要であり，計算的方法に限らず，どの解法から得られた最適案に対しても，

　　なぜそのような条件の場合にその案が最適となるのか，といった合理的な説明ができなければならない

のである．
　そして，このように，

　　結果を解釈することによって，最適案というものがどういう構造で決まるのかを把握し，ひいては体系全体の本質的構造を引き出し，一般性ある知見を得るようにしなければならない

のである.

　こういう努力によって OR というものが意義づけられ,
真に理解されるようになる. したがって, 結論を提示する
際, 間違っても, 計算結果のみを示して「計算でこうなっ
たから, ○○案が最適案である」といった計算結果至上的
な説明だけで終わってはならない.

　たいていの場合, 計算的方法によって一般性を発見する
ことは難しい. どのような組み合わせの時にどのような案
が最適案となるのか手探り状態であるために, 種々の条件
を組み合わせる必要があり, そうなると計算量が膨大にな
る上に, 計算結果も多くなるからである. いま述べたよう
に, 例題についての体系の構造を導き出せるのはまれなこ
とであり, どちらかと言えば, 体系の構造を導き出しやす
い次の解析的方法を薦めたい.

2 解析的方法による場合

　この例題の場合は 2 案の比較であるので, 数式で表され
た両案の評価尺度値の差 ($S_A - S_B$) をとり, その値のとる
正負の符号によって両案の結果の大小を知り, 最適案を読
みとれば良いことになる.

　両案の評価尺度値の差を S で表すと, 前述のモデル式か
ら,

$$S = S_A - S_B$$
$$= P_0\{P_L - (1 - P_0)P_H\}$$

となる.

したがって, $\{P_L-(1-P_0)P_H\}$ の値が正か, 0 か, あるいは, 負であるかによって S_A と S_B の大小がわかる. つまり,

$$P_L > (1-P_0)P_H \quad ならば \quad S_A > S_B \quad \therefore 最適案は A 案$$
$$P_L = (1-P_0)P_H \quad ならば \quad S_A = S_B \quad \therefore いずれも最適案$$
$$P_L < (1-P_0)P_H \quad ならば \quad S_A < S_B \quad \therefore 最適案は B 案$$

となる.

このように, 解析的方法とは, モデルとして表された数式を処理していき, 最適案を見つけるというものである. 数式の処理には, この例題のように差をとって比較するという簡単なものもあれば, 最大値や最小値を求める際によく使われる「微分法」といった技法が用いられることもある. この他にもさまざまな, 数学的手法と呼ばれる「理論・技法」が用いられる. OR で通常用いられる数学的手法については多くの OR 関連書籍に記述されているので, 詳しくはそれらを参考にしてほしい.

先に示した式の解釈については, 次のようになる. A, B いずれの案においても, 1 発目は撃破能力の高い方の戦車を狙うことは当然のことである. その 1 発目を射撃した結果を見て, 残存している脅威（味方を撃破する能力）の度合いによって 2 発目の目標を H にするのか, L にするのかを決めるということになる. 1 発目で H を射ち漏らした

という条件の下でのHの脅威度 $(1-P_0)P_H$ と，Lの脅威度 P_L とを比較し，Lの脅威度の方が大きければLを射撃することになるので均等配分（A案）となり，Hに残っている脅威度の方が大きければ2発目もこれを射撃することになって重点配分（B案）になるということになる．この解釈が計算的方法で述べた最適案が決まる構造とも符合することを付け加えておく．

　このように，最適案を導く関係が数式で表されていると，計算的方法のようにさまざまな条件設定をして数多くの計算をすることもなく，最適案がもっている構造，傾向，性質などをそこから読みとることができるのである．したがって，データが少々変わったとしても再計算をすることなく，最適案のおおよその見当をつけることも容易である．

　ところで，例題で示されたデータの場合，$P_H > P_L$ であるので，条件の左辺の P_L と，右辺の $(1-P_0)P_H$ は各々，

$$P_L = 0.3$$
$$(1-P_0)P_H = (1-0.4) \times 0.6 = 0.36$$

となり，ゆえに，$P_L < (1-P_0)P_H$ となるので最適案はB案となる．

　ここで，モデルを数式で作ったり，作った数式のモデルから最適案を見つけるのに数式のままで処理することに大

きな利点があることをよく認識してもらうために，1つの例を示そう．

それは陸上競技場のトラックに中距離走のセパレートコースを設定する場合に，コースごとにスタートラインの位置をいくらずつずらせば良いかという問題である．つまり，図 2-14 のように，コーナーの部分が内側のコースよりも外側のコースの距離が長くなるため，外側のスタートラインの位置を内側よりも前にずれてくるように引かなければならなくなるので，そのずれを求めようというのである．

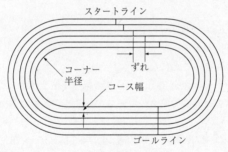

図 2-14

この場合，直線部分については全コース同じであるので考えなくともよく，コーナー部分についてだけ考えればよい．つまり，それぞれ内側のコースを基準として，外隣のコースがコーナーでどれくらい大回りをするのかを求め，その分だけ短くなるようにスタートラインの位置を前にずらせば良いことになる．

　　最内側の第1コースのコーナーの距離 L_1 は，半円周で
あるので，コースの半径を r，円周率を π（≒3.14）とすれ
ば

$$L_1 = \pi r$$

となる．
　　また，外隣の第2コースのコーナーの距離 L_2 は，第1
コースよりもコースの幅だけ長い半径の半円周となるの
で，コースの幅を w とすれば，

$$L_2 = \pi (r+w)$$

で求められることになる．
　　コーナー半径を 25 m，コースの幅を 1 m とすれば，最内
側の第1と外隣の第2のコースのコーナー距離は各々，

　　第1コースのコーナー距離　$L_1 = 3.14 \times 25 = 78.50$
　　第2コースのコーナー距離　$L_2 = 3.14 \times (25+1)$
　　　　　　　　　　　　　　　　　　　$= 81.64$

となり，第2コースはコーナーで 3.14 m だけ長くなるの
で，スタートラインの位置は第1コースの位置よりも前に
3.14 m だけずらせばよいことになる．
　　以下，第3から第5までについてのコーナー距離と，そ

の差を求めると,

　　第2コースのコーナー距離
　　　$L_2 = 3.14 \times (25+1) = 81.64$
　　第3コースのコーナー距離
　　　$L_3 = 3.14 \times (25+2) = 84.78$　　　　　差　3.14
　　第4コースのコーナー距離
　　　$L_4 = 3.14 \times (25+3) = 87.92$　　　　　差　3.14
　　第5コースのコーナー距離
　　　$L_5 = 3.14 \times (25+4) = 91.06$　　　　　差　3.14

のようになり, 各コースのスタートラインの位置は 3.14 m
ずつ前にずらせば良いことになる.
　これはこれでわかったが, このように計算して求めてい
くと, コーナー半径が 20 m となった場合はどうか, コー
スの幅が 1.2 m になった場合はどうかなど, 条件が変わる
たびに再計算をしなければならなくなる. これを記号で考
えていったらどうなるのか見てみよう.
　この場合, まず, n 番目の内側のコースと外隣の n+1 番
目のコースについてコーナー距離の差を一般式で求める
と, 前式を参考にして,

　　内側コースのコーナー距離
　　　$L_1 = \pi \times \{r + (n-1)w\}$
　　外隣コースのコーナー距離

$$L_0 = \pi \times (r + nw) \qquad\qquad 差 \ \pi w$$

となることがわかる.

　この差の式にはコースの番号nもコーナー半径rも含まれていないので，コース間のずれはコースの番号とも，コーナーの半径にも関係せず，コースの幅だけが関係してくることがわかる. すなわち，コーナーの半径がいくらになろうが，コースの幅のπ倍だけスタート位置をずらしておけばよいということになる. このように，数式のままで処理をしていけば構造の把握が容易となり，コースの諸元が変わったとしても直ちに対応できるようになるのである.

3 実験的方法による場合

3-1 実験的方法とはどのような方法か

　これまでに説明した計算的方法や解析的方法は，理論的・解析的に作られた数式モデルや表モデルから最適案を見つける時によく用いられる方法である. これに対してこれから述べる実験的方法は，図モデルをもとに実験をすることで最適案を見つけようとする時によく用いられる方法である（図2-15）.

　さて実験とは，実物に対して諸条件を設定して操作し，どのような結果がもたらされるのかを観察するものである. ここで言う実験的方法とは，「シミュレーション法」とも言い，実体系と機能的に同じ動きをして実体系を模擬で

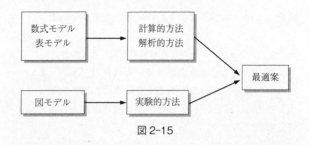

図 2-15

きるもの（シミュレーション・モデル）を使って実験を行
う．実験からもたらされた結果の中から，逆に最適な結果
をもたらす条件，つまり最適な運用方法を見つけようとす
るものである．シミュレーション・モデルは，通常，図モ
デルをもとに作られることが多い．

　例題の場合，実際に戦闘を行って味方の残存の度合いを
測ることはできないので，実際の戦いを模擬して，つまり
シミュレーションを行って各々の場合の残存度合いを出
し，最適案を求めようということである．

3-2　シミュレーションの具体的方法

　ここでは，「モンテカルロ型」というシミュレーションに
よって残存確率を求める方法を紹介しよう．他に，「期待
値型」という方法もあるが，こちらの方は他書を参考にし
てほしい．

　モンテカルロ型シミュレーションは確率現象を模擬する
時によく用いられるもので，射撃の結果という不確定な事

象をとり扱う本例題にはまさに好都合な方法である.

3-2-1　シミュレーションはなぜ何度も繰り返すのか

　まず，例題で求めようとしている残存の"確率"という
ものの出し方についてである．今，重心の偏ったサイコロ
をとりあげ，例えば「1」の目の出る確率を求める場合につ
いて考えてみよう.

　正常なサイコロであれば，「1」の目の出る確率は1/6と
決まっているが，重心が偏っていると，わからない．それ
を知るにはどうするのかというと，サイコロを何回も振っ
てみて，図2-16のように出た目の統計をとり，その結果
から知ろうとするはずである．この場合，「1」の目はかな
り出やすく，生起確率は2/6つまり1/3と推定されること
になる.

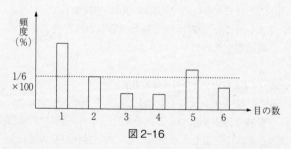

図2-16

　例題での残存確率の求め方も同様で，次のように考えて
求めるようになる．1交戦の最終的な結果としての残存の
可否は，味方と敵の個々の射撃の結果としての命中あるい

は非命中といった不確定な事象が積み重なってもたらされる結果であり，偶然に現れた結果にすぎないものである．したがって，1回のシミュレーション（実験）だけでは「残存した」あるいは「撃破された」という，「たまたま，そうなった」というだけの結果であり，それでもって残存“確率”とするわけにはいかない．ある条件下での残存確率というものを知るには，その条件下で何回もシミュレーションを行うことが必要であり，それから全体の中で残存できた結果を数える（統計をとる）ことによって，残存確率を求めることになる．

　他に例えば，ある人の射撃能力を知るために命中確率でもって表す場合，何発も射撃させるはずである．1発の射撃結果だけではたまたま命中したのかもしれないし，外れたのかもしれないのである．したがって，数多く射撃させ，その中で命中した割合でもって命中確率とするはずである．

　このように，起きる結果が不確定となる体系を模擬するモンテカルロ型シミュレーションは，何度も何度もシミュレーションを行う方法である．

　では，シミュレーションを何回行えば良いだろうか？残念ながらその基準はなく，通常同一条件の下で1万回程度行われている．起こり得る事象の組み合わせを考えれば，この程度行えばカバーできるのであろう．回数を徐々に増やしていって結果の分布が落ち着くところでやめるというのも良い考えである．

そして，ある運用方法案の条件下で行ったならば，他の運用方法案を設定し，同様にシミュレーションを行い，結果を記録していく.

したがって例題の場合は，図2-17のように火力配分案A，BごとにシミュレーションをN回行い，残存した回数n_A，n_Bを数え，n_A，n_BをNで割って各案ごとの残存確率S_A，S_Bを求めるということになる.

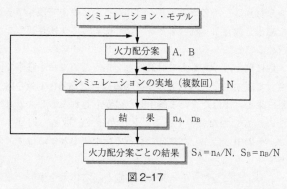

図2-17

3-2-2　シミュレーション・モデルの作成

①生起事象を順序づける

前に述べたモデル化と同様に，このシミュレーション・モデルについてもどのような形が良いのかといった基準はない.

例題については，著者が独自に作った一交戦の流れに沿

った実行動が模擬できるシミュレーション・モデルを紹介する.

　まず実行動の流れはどうなるのかと言えば, A 案については,

　　　H を射撃する→L を射撃する→残存した H からの射撃を受ける→残存した L からの射撃を受ける

となり, また, B 案については,

　　　H を射撃する→H を再び射撃する→残存した H からの射撃を受ける→L からの射撃を受ける

といった部分的な行動の連鎖となり, その最終的な結果として味方が残存できるのか, 撃破されるのかが決まる.

　したがってシミュレーション・モデルとするには, 図2-18 のように行動ごとに結果が出せるような部分的なシ

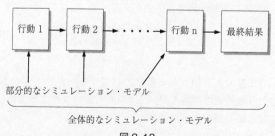

図2-18

ミュレーション・モデルを作り，それを連結して最終的な
結果が出せる全体のシミュレーション・モデルにすればよ
い．

②まず部分的なシミュレーションのしかたを決める

　次に行動ごとの部分的なシミュレーションの方法に移る
が，ここではまず，図2-17の行動1にあたる，味方からの
射撃の結果である撃破確率 P_0 が 0.4 という偶然性を含む
事象を，どのように模擬すれば良いのかということについ
て説明しよう．

　いま，ここに 0 から 9 までの数字を書いた 10 枚のカー
ドがあるとしよう．これを箱に入れ，その中から手探りで
適当に 1 枚をとり出す．その場合，そのカードに書かれた
数字がある特定の数字，例えば「1」である確率は 1/10 と
なる．というのは，確率とは次式で定義されるものである
からである．

$$（ある事象が起きる確率）
= \frac{（当該事象が起きる場合の数）}{（起こり得る全事象の数）} \qquad (3)$$

　つまり，とり出される数字としては 0 から 9 までの 10
とおりの可能性があるが，「1」であるという当該事象とし
ては 1 つしかないからである．

　そこで，次のようにとり決めてみよう．1 枚のカードを

引いて 0 から 3 までの 4 つの数字が出れば「射撃の結果は
撃破」とし, 4 から 9 までの 6 つの数字が出れば「射撃の結
果は外れ」とするのである.

　なぜそうするのかと言えば, 1 枚のカードを引いて, そ
れが 0, 1, 2, 3 のいずれかである確率 P_0 は, (3) 式の (当
該事象が起きる数) は 0, 1, 2, 3 の 4 個であり, (起こり得
る全事象の数) は 10 個であるので,

$$P_0 = \frac{(0, \ 1, \ 2, \ 3 \text{ のいずれかの場合の数})}{(0 \text{ から } 9 \text{ までのいずれかが出る数})}$$

$$= \frac{(0 \text{ が出る数}) + (1 \text{ が出る数}) + \cdots + (3 \text{ が出る数})}{10}$$

$$= \frac{(0 \text{ が出る数})}{10} + \frac{(1 \text{ が出る数})}{10} + \cdots + \frac{(3 \text{ が出る数})}{10}$$

$$= (0 \text{ が出る確率}) + (1 \text{ が出る確率}) + \cdots$$
$$+ (3 \text{ が出る確率})$$
$$= 0.1 + 0.1 + 0.1 + 0.1$$
$$= 0.4$$

となるからである. つまり, このようなとり決めをすれ
ば, 1 枚のカードを引くという行為で, 撃破確率が 0.4 とな
る射撃の結果を模擬できるようになるのである.

　このことを図示すると図 2-19 のようになる.

　言うまでもなく, 「撃破」となる数字の組み合わせを適当
に 4, 5, 9, 0 としても良い. その合計の生起確率が 0.4 に

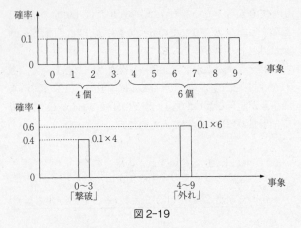

図 2-19

なればよいのである.

　ここで, 撃破確率が例えば 0.25 と小数第 2 位までの値で
あったならばどうするのかということであるが, この場合
は, 2 回カードを引く. ただし, 2 回目にカードを引く時
は, 前のカードを箱に返しておくものとする. そして, 1
回目のカードの数字を 10 の位の数値とし, 2 回目の数字を
1 の位の数値とし, 00, 45, 29 というように 2 桁読みをし,
00 から 24 までを「撃破」とし, 25 から 99 までを「外れ」
とすればよい.

　つまり, 2 回引くと生起する組み合わせの数は表 2-9 の
ように 100 個となり, 1 回目の数字と 2 回目の数字とは互
いに無関係に独立して引いているので, 各々の数字の出る
確率は等しく 1/100 となる.

		\multicolumn{10}{c}{1 の 位}
↗		0	1	2	3	4	5	6	7	8	9
10 の 位	0	00	01	02	03	04			·	·	·	09
	1	10	11	12	13	14						19
	2	20	21	22	23	24	25	26	27	·	·	29
	·					·	·	·	·			
	·					·	·	·	·			
	·											
	9								97	98	99

表 2-9

　以上のように，カードを引くことによって射撃動作を，その数字が何であるのかによって射撃結果の判定をシミュレーションすることができる．

③全体的なシミュレーションのしかたを決める

　これまでの説明は，味方から敵を射撃した場合の結果の模擬のしかたであった．敵からの射撃の結果についても同様に考えれば良い．つまり，例えば次のようにすれば良い．

　　　　Hからの射撃の場合：0～5　撃破
　　　　（撃破確率：0.6）　　　6～9　外れ

　　　　Lからの射撃の場合：0～2　撃破
　　　　（撃破確率：0.3）　　　3～9　外れ

　したがって，全体的なシミュレーションとしてその一例を示せば，図 2-20 のようになる．ただし図にも示しているように，敵からの射撃は，敵が残存している場合に限られることに注意してほしい．

　この例の場合は残存した H からの射撃で撃破され，最終結果は「撃破」となる．あとは，この 1 回分の全体的なシミュレーションをこの要領で所定の回数まで繰り返し，それぞれの結果を集計すればよい．

　ここまでのところで，シミュレーションというものをどのようにすれば良いのかということがわかっていただけた

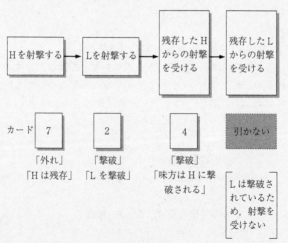

図 2-20

ものと思う.

ところが, このようなシミュレーションをカードを使っ て実際に行うとなると, 何万回もカードをとり出しては元 に戻し, かき回してはまたとり出すという動作を繰り返さ なければならず, たいへんな労力を伴うだけに実行は困難 である. したがってその代わりとして, カードをとり出し て数字を読みとるのと同じような, 出方は不確定である が, 0 から 9 までの数字を同じ頻度で読みとれるものが必 要となる.

実は, それにちょうどマッチするものとして「一様乱数」 というものがある. 一様乱数とは, 簡単に言えば, 0 から 9 までの数字がデタラメに並んだものである. 文献 [4] に一 様乱数が表になったものがあるので, その一部を表 2-10 に示そう. なお, これには数字が 2 つずつ並んでいるが,

03 47 43 73 86	36 96 47 36 61	46 98 63 71 62	33 26 …
97 74 24 67 62	42 81 14 57 20	42 53 32 37 32	27 07 …
17 76 62 27 66	56 50 26 71 07	32 90 79 78 53	13 55 …
12 56 85 99 26	96 96 68 27 31	05 03 72 93 15	57 12 …
55 59 56 35 64	38 54 82 46 22	31 62 43 09 90	06 18 …
16 22 77 94 39	49 54 43 54 82	17 37 93 23 78	87 35 …
84 42 17 53 31	57 24 55 06 88	77 04 74 47 67	21 76 …
63 01 63 78 59	16 95 55 67 19	98 10 50 71 75	12 86 …
…			

表 2-10

便宜的なものであり，1つずつの数字を1桁数字として読
めば良い．

　でたらめに並んでいるとは言っても，0から9までの数
字の出現頻度は等しくなっている．つまり，カードから読
みとる場合の数字の出現頻度と同様に，一様な分布になる
ので「一様乱数」と言うのである．

　したがって，一様乱数表から無作為に1つの乱数を読み
とった場合，0から9までの10個の数字が出る確率はそれ
ぞれ1/10となる．

　0から9までという1桁の数字を読みとると説明してき
たが，もちろん，00から99までの2桁の数字として2つ
ずつ数字を読みとっても良い．その場合でも度数分布の形
も，確率分布の形も基本的には1桁の場合と同じであり，
一様乱数として使うことができる．さらに，3桁でも，そ
れ以上の桁でも同様である．

　さて，以上のような一様乱数表の乱数とは別に，乱数は
コンピュータでも作ることができる．シミュレーションに
は膨大な数の乱数が必要になることから，現在ではコンピ
ュータを使ってシミュレーションすることが一般的になっ
ている．

　ただしコンピュータから得られる乱数には周期性があっ
たりして真の乱数ではなく，「疑似乱数」と呼ばれている．
そのため，コンピュータを使ったシミュレーションの結果
は，理論値からいくらかは外れる可能性がある．しかし，

周期が1万回以上となるように乱数を発生させたり，シミュレーションを数多く行うようにするので，疑似乱数を用いたシミュレーションでも十分な結果が得られるのである．

　参考までに書くと，一様乱数表もなく，コンピュータもない場合の最終的な方法として，信頼度は別にして，サイコロでも，ストップウォッチ機能つきのデジタル型時計でも，また，分厚い辞典でも「それなりの乱数」を手作業で作ることはできる．

　サイコロで作るには図 2-20 のような正 20 面体のサイコロを使う．このサイコロには 0 から 9 までの数字が 2 つずつ記されているのである．

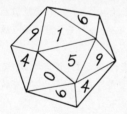

図 2-21

　もちろん，1桁の乱数を必要とする時は1つのサイコロを使えばよい．2桁の乱数を必要とする場合は，1つのサイコロを2回転がし，1度目は 10 の位の数字とし，2度目を1の位の数字として読みとる．あるいは，10 の位と1の位の区別ができるように，色違いか，印をつけた2つのサイコロを使って同時に転がして読みとるようにする．同様

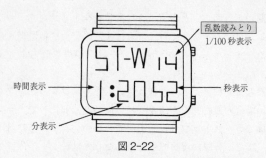

時間表示

分表示

乱数読みとり
1/100 秒表示

秒表示

図 2-22

にして，3桁以上の乱数を読みとるようにすればよい.

　図2-22 のようなストップウォッチ機能つきのデジタル時計でも乱数が得られる. 累積モードの状態でスタートさせ，適当な時にストップボタンを押して表示された100分の1秒の数字の1桁や，2桁を読みとり，これを乱数とするのである. 以下，スタート，ストップを任意に繰り返して乱数として読みとるのである.

　また，分厚い辞典から乱数を得るには，目をつぶって適当な箇所をめくり，そのページ番号の1桁や，2桁を読みとり，これを乱数とするのである.

④フローチャートを描く

　シミュレーションにおいては，これまで説明してきたように，乱数を読みとったり，「命中」「外れ」の判定などといった同様の行為を数多く繰り返すため，通常，反復作業が得意なコンピュータを用いる. そのシミュレーションの方法を「コンピュータ・シミュレーション」と呼び，片や，

手作業で行うシミュレーションを「ハンド・シミュレーション」と呼んでいる.

　両者は基本的には同じであり,どちらもシミュレーションの内容がかなり複雑になるので,手順を明確にし,漏れがなく,順序を間違えないようにするために,通常事前に「フローチャート」を作る.フローチャートとは図 2-23 のように,ある事柄を実行・処理するのに必要となる 1 つ 1 つの具体的な手順を書いたもので,全体の流れを明確にした図である.なお,図中で菱形は判断処理を,長方形は実行処理を表す.

　フローチャートの内容は,シミュレーションの実行手段によって異なる.コンピュータ・シミュレーションの場合には,コンピュータを稼働させるのに必要なシミュレーション・プログラムを作成し,これをコンピュータに入力してシミュレーションを実施するため,シミュレーション・プログラムが作成しやすいようなフローチャートを描く.

　ハンド・シミュレーションの場合には,人間が「ワークシート」というシミュレーションの手順を図表化した作業用紙を用いて手作業でシミュレーションを行うため,ワークシートが作りやすいようにフローチャートを描く.

　したがって,全般的なシミュレーションの方法が決まった後,シミュレーションを実施するには,まず,シミュレーションの実行手段をコンピュータにするのか,手作業にするのかを決める.次にそのフローチャートを作成し,次いでシミュレーションの手順書となるプログラムかワーク

シートを作ってから，シミュレーションを実施するという
段取りになる．

　ここではハンド・シミュレーションを行うことにして，
そのためのフローチャートを図2-23に紹介する．これ
は，例題のA案という条件の下での1回分のシミュレー
ションのフローチャートである．なお，図中で菱型は判断
処理を，長方形は実行処理を表す．

　フローチャートは，図2-24の左のように全体的なシミ
ュレーションのイメージを基にして最初は大まかに作り，
逐次細分化してゆく．そして最終的には図2-24の右のよ
うに，例えば「比較」とか「乱数を引く」といった1つの

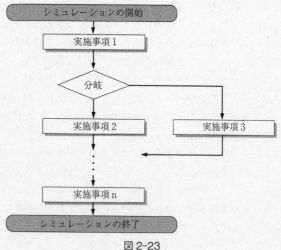

図2-23

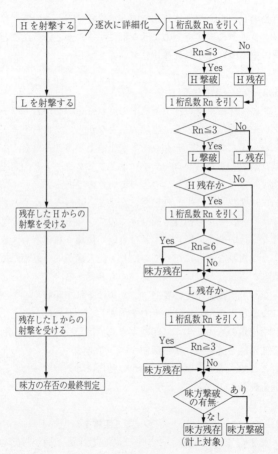

図 2-24

行動のレベルまで具体化していって作成する．その際，ワークシートの様式をどのような形にするのかといったことを考慮に入れながら具体化していく．

⑤ワークシートを作る

　次に，作ったフローチャートの流れを追いながら，ワークシートを作っていく．当然のことながら，フローチャートからすんなりとワークシートが出来上がることはなく，試行錯誤しながらフローチャートとワークシートとの間を往復し，ともに修正しつつ作っていくのである．

　ワークシートにもこれと言った決まった様式はなく，シミュレーションを何度も繰り返すので手順を間違えないような，行いやすい様式にすれば良い．後戻りを何度もするような複雑な流れになっていたり，記入欄が飛び離れた位置にあったりしていては間違いのもとである．

　なお，用紙を多く必要とするためにそれを印刷するようになると思うが，無駄な労力を消費しないために，考え出した様式のものをすぐに印刷するのではなく，2，3度試して使用性を確認してから印刷すべきである．

　ここで，筆者が試行錯誤しつつ独自に考えたワークシートを表2-11に紹介しよう．

3-2-3　ハンド・シミュレーションを実施する

　表2-11に示したワークシートの回数1のイ欄から始めてみよう．乱数は，144ページの乱数表（表2-12）から1

回数	我からの射撃				相手の区分	相手からの射撃			
	発数	乱数 Rn (1桁)	相手の存否			乱数 Rn (1桁) エ欄が○の場合に実行	我の存否		
			撃破判定条件	満足:×否定:○			残存判定条件	満足:○否定:×	キ欄には○のみ:○ キ欄に×がある:×
ア	イ		ウ	エ	オ		カ	キ	ク
1	1		≦3		H		≧6		
	2		≦3		L		≧3		
2	1		≦3		H		≧6		
	2		≦3		L		≧3		
3	1		≦3		H		≧6		
	2		≦3		L		≧3		
4	1		≦3		H		≧6		
	2		≦3		L		≧3		
5	1		≦3		H		≧6		
	2		≦3		L		≧3		
$\sim\sim\sim$									
N	1		≦3		H		≧6		
	2		≦3		L		≧3		
○ の 合 計									
残存確率（○の合計／実施回数 N）									／

表 2-11　ハンド・シミュレーション用ワークシート
（A 案用：$P_0=0.4$，$P_H=0.6$，$P_L=0.3$）

	第 1 列	第 2 列	第 3 列	
	03 47 43 73 86	36 96 47 36 61	46 98 63 71 62	33 26 …
	97 74 24 67 62	42 81 14 57 20	42 53 32 37 32	27 07 …
第 1 行	17 76 62 27 66	56 50 26 71 07	32 90 79 78 53	13 55 …
	12 56 85 99 26	96 96 68 27 31	05 03 72 93 15	57 12 …
	55 59 56 35 64	38 54 82 46 22	31 62 43 09 90	06 18 …
	16 22 77 94 39	49 54 43 54 82	17 37 93 23 78	87 35 …
	84 42 17 53 31	57 24 55 06 88	77 04 74 47 67	21 76 …
第 2 行	63 01 63 78 59	16 95 55 67 19	98 10 50 71 75	12 86 …
	… … … … …	… … … … …	… … … … …	… … …

表 2-12

桁を読むようにした. 乱数を読む時は, 乱数表のどこから
読み始めても良い. 例えば, 目をつぶって指で指し示した
所から読み始めても良い. そして, そこから縦に読んで
も, 横に読んでも良いのである. ただし, 一様な分布にな
るように並んでいるので, 読み飛ばしてはいけない.

　例えば今日が 21 日であったとして, 第 2 行, 第 1 列のブ
ロックの左上の頭から読み始めるとすると, そこから右
へ, そして次の行の頭へと順々に読みとっていくとすれば
乱数は次のようになる.

　　1 6 2 2 7 7 9 4 3 9　　4 9 5 …
　　8 4 4 2 1 7 …

　表 2-13 に, この乱数で行った場合のシミュレーション
の結果の一部を示す.

　シミュレーションの推移は次のようになる.

回数	我からの射撃				相手からの射撃				キ欄には○のみ:○ キ欄に×がある;×
	発数	乱数 Rn (1桁)	相手の存否 撃破判定条件	満足:×否定:○	相手の区分	乱数 Rn (1桁) エ欄が○の場合に実行	我の存否 残存判定条件	満足:○否定:×	
ア		イ	ウ	エ		オ	カ	キ	ク
1	1	1	≦3	×	H	—	≧6	—	×
	2	6	≦3	○	L	2	≧3	×	
2	1	2	≦3	×	H	—	≧6	—	○
	2	7	≦3	○	L	7	≧3	○	
3	1	9	≦3	○	H	3	≧6	×	×
	2	4	≦3	○	L	9	≧3	○	
N	1		≦3		H		≧6		
	2		≦3		L		≧3		
○ の 合 計									500
残存確率（○の合計／実施回数 N）									500/1000

表 2-13　ハンド・シミュレーション結果
（A 案の場合用：$P_0=0.4$, $P_H=0.6$, $P_L=0.3$）

[1 回目]

　味方からの射撃

　　（イ欄の上）1 発目として乱数を読み，「1」を記入する．

　　（エ欄の上）撃破判定条件を満たすので「×」を記入す

　　　　　　　　る.
　　（イ欄の下）2 発目として乱数を読み,「6」を記入す
　　　　　　　　る.
　　（エ欄の下）撃破判定条件は満たさないので「〇」を記
　　　　　　　　入する.

敵からの射撃
　　（オ欄の上）エ欄は「×」で, 敵 H は撃破されている
　　　　　　　　ので乱数は読まず, 無記入を表す「—」を
　　　　　　　　記入する.
　　（キ欄の上）H は撃破されているために判定はなく,
　　　　　　　　「—」を記入する.
　　（オ欄の下）エ欄は「〇」で, 敵 L は残存しているので
　　　　　　　　乱数を読み,「2」を記入する.
　　（キ欄の下）カ欄の残存判定条件を満たしていないの
　　　　　　　　で, つまり, 味方は L に撃破されるので
　　　　　　　　「×」を記入する.
　　（ク欄）　　キ欄には「×」があるため, つまり, 味方
　　　　　　　　は H を撃破するものの, L によって撃破
　　　　　　　　されるために「×」を記入する.

[2 回目]
　味方からの射撃
　　（1 回目と同様に進める）

敵からの射撃

　（キ欄の上）　1回目と同様に，H は撃破されているた
　　　　　　　めに判定はなく，「—」を記入する．

　（キ欄の下）　カ欄の残存判定条件を満たすため，つま
　　　　　　　り，味方は L からの射撃に対して残存し
　　　　　　　ているので，「○」を記入する．

　（ク欄）　　　キ欄は「○」のみであるため，つまり，味
　　　　　　　方は H を撃破し，L からの射撃に対して
　　　　　　　も残存するため「○」を記入する．

　以下，同様の要領で続ける．所定の回数の N 回を終了
したならば，「ク欄」の「○」の数を合計して記録し，それ
をシミュレーション回数の N で割って味方の残存確率を
求め，記録する．

　例えば，シミュレーションを 1000 回行い，「○」が 500
個あれば味方の残存確率は 0.50 となる．

　このようにして，B 案についてもフローチャートとワー
クシートを作成し，シミュレーションを行って結果を求め
るのである．

　ところが，シミュレーションの結果として残存確率が求
まったとしても，場合によっては，実は問題が潜んでいる
のである．

　この例で言えば，1000 回，10000 回と 1 戦闘のシミュレ
ーションの回数（N）が多い場合には，個々の戦闘結果を
積み重ねるため，最終結果の残存確率は真の値に近づくこ

とが予想されるので，その結果を信じてほとんど問題はないだろう．

　しかし，シミュレーションの対象となる体系の規模が大きく，1結果を得るまでに1戦闘のシミュレーションが数回程度しかできないような場合には，それだけでシミュレーションを終わってしまっては問題となるのである．つまり，数少ない1戦闘のシミュレーションの積み重ねから得られた残存確率は，乱数の一部を使ったことによる偏りから偶然にそのような結果になったのかもしれず，真の値と考えてはならないということである．再度，乱数を変えてシミュレーションをした場合，大きく違った結果になることは大いに考えられる．図2-25のように本当はB案がよいのにもかかわらず，たまたまA案の方が残存確率が高く出たのかもしれないのである．

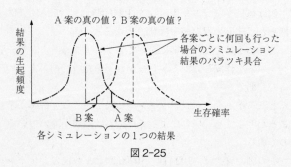

図2-25

　このような心配があるため，本当にA案の方が生存確率が高いと考えてよいのかを確認する必要が出てくる．し

たがって，結果を得るまでのシミュレーションの回数（N）が少なくなりそうな場合には，得られた両案の残存確率の大小関係が「真」と考えて良いかということを，統計学の「検定」という方法によって確かめることが必要になってくる．その際には，両案ごとにいくつかの結果が得られるようにシミュレーションを「計画」しなければならない．詳細については統計学や「実験計画法」の書物を参考にしてほしい．

　なお，ここでは，ハンド・シミュレーションの例を示したが，ご覧のとおり繰り返しの作業で，まさに，コンピュータ向きの作業である．コンピュータ・プログラミングに慣れている人ならば容易にプログラム化できるので，BASIC 言語なり，C 言語なりで挑戦し，コンピュータ・シミュレーションを試されると良い．

【手順6】意思決定者に提案する

■提示案を決める
　【手順5】を踏むことにより，敵の出方や状況など，運用をとり巻く環境に応じたさまざまな運用結果が得られる．
　例題での，敵味方の撃破率を固定した場合の計算的方法による算出結果によれば，

$$S_A = 0.5248$$
$$S_B = 0.5488$$

であった．このような場合，提示案はB案と簡単に決めら
れる．

　しかし，「敵味方の撃破率」などといった条件が確定して
いるというようなことは少ない．またあったとしても，状
況によって容易に変化し得るため，通常さまざまな状況を
考慮して提示案を検討することが必要となるのである．こ
のため，例えば【手順5】で示した表2-7のように，味方の
方で勝手に決めつけられない環境条件ごとに，味方の行動
方針案に応じた運用結果を表2-14のように求め，そこか
ら最適案を選定し，意思決定者へ提示しなければならない
ことになる．

　しかし，この結果を見てもわかるように，これから提示
案を決めようとしても，A案は敵に関する条件③の下では
良いが，①②の条件の下では悪く，他方B案は逆に条件①
②の下では良いが，条件③の下では悪くなるというよう
に，全ての条件の下で良いという案がないため，最適案は
容易には決められなくなってしまう．とはいえ，ORワー

味方の 行動方針案	敵に関する条件		
	①$P_H=0.8$ $P_L=0.2$	②$P_H=0.6$ $P_L=0.3$	③$P_H=0.55$ $P_L=0.45$
A案	0.46	0.52	0.49
B案	0.57	0.55	0.44

注：味方の撃破率は0.4

表2-14：味方の行動方針案に応ずる味方の残存確率

カーは，これらから最適案を何とかして選定し，意思決定
者への提示案を決めなければならない.

　ではどうすれば良いのかというと，1 つの対応のしかた
として，次のような考え方の中からいずれかを選んで決め
るようにする. 1 つ目は「楽観的な判断」であり，2 つ目は
「悲観的な判断」であり，そして，3 つ目は「期待値的な判
断」というものである.

　「楽観的な判断」とは，各々の行動方針案によって得られ
る最良の結果のうち，最大の結果が得られる行動方針を選
ぶという考え方である. つまり，環境条件は味方にとって
都合の良いようになると楽観的に考え，最高の結果が得ら
れる行動方針を採るというものである.

　表 2-14 で言えば，A 案で得られる最良の結果は 0.52 で
あり，また B 案で得られる結果は 0.57 であるので，最適案
は最高の結果となる 0.57 が得られる B 案にするというも
のである.

　「悲観的な判断」とは，各々の行動方針案によってもたら
される最悪の結果のうち，最大の結果が得られる行動方針
を選ぶという考え方である. つまり，環境条件は常に味方
にとって悪く作用するものであると悲観的に考え，最悪の
場合にも確実に得られる結果に注目して行動方針案を選ぼ
うとするものである.

　表 2-14 で言えば，A 案によってもたらされる最悪の結
果は 0.46 であり，また，B 案でもたらされる結果は 0.44 で
あるので，最適案は最高の結果となる 0.46 が得られる A

案になるというものである.

「楽観的な判断」と「悲観的な判断」では各々,「最良の結果」「最悪の結果」という 1 つのものを対象として採用案を決めた. これに対して「期待値的な判断」では,「最良の結果」も「最悪の結果」も, そして「中間の結果」をも全て判断の対象とし, それに各々の結果をもたらす条件の「起こりやすさ」をとり込んで「期待値」というものを求め, その値の最も大きい行動方針を採るべきだという考え方である.

例の場合では, 次のようにして行動方針案ごとの「期待値」を求めるのである.

　ある行動方針における残存確率の期待値
　　　＝ 条件①の場合の残存確率×条件①の生起確率
　　　　＋条件②の場合の残存確率×条件②の生起確率
　　　　＋条件③の場合の残存確率×条件③の生起確率

つまり, 条件はどれか 1 つにしかならないが, いずれになるのか決められないので, 各々の条件の「起こりやすさ」すなわち「生起確率」で各々の残存確率を重みづけして平均値化するのである.

くどくなるが, ここで「期待値」の意味をわかりやすくするために,「残存確率」を賭け事の「儲け」と置き換えて少し説明を加えよう.

いま A 案でかなりの回数, N 回にわたって賭けをする

としよう. 賭けた時の条件によって儲けが異なるとして, N 回のうちに条件①, ②, ③の場合が各々 n_1, n_2, n_3 回生起したとしよう.

　すると賭け 1 回当たりの儲け, つまり平均値 G_A は, 全体の儲けを全体の回数 N で割れば求められるので次のようになる.

G_A = (条件①の場合の儲け×n_1＋条件②の場合の儲け 　　　×n_2＋条件③の場合の儲け×n_3)/N

　　= 条件①の場合の儲け×n_1/N＋条件②の場合の儲 　　　け×n_2/N＋条件③の場合の儲け×n_3/N

ここで, n_1/N, n_2/N, n_3/N は, N がかなり大きいから各々の条件が生起する確率と考えて良いので,

G_A = 条件①の場合の儲け×条件①の生起確率 　　　＋条件②の場合の儲け×条件②の生起確率 　　　＋条件③の場合の儲け×条件③の生起確率

となり, つまり G_A というものは「期待値」と同じ概念であり, すなわち「期待値」とは確率的行為を何度も行った場合の平均的な結果となるのである.

　したがって期待値の意味からすれば, 何度も行うことのない, ただ一度限りの事象にこの考え方を適用するということに問題がないわけではない. しかし, 良い場合もある

が，悪い場合もあるということを思えば，その平均という
意味から当該案を代表する値と見なしても良いのではない
だろうか.

　一般的に「期待値」は次の式のように，対象とする事象
について n 個の結果が起き得るとして，n 個それぞれの結
果が起きた時にもたらされる値（これを「実現値」と言っ
ている）に，その結果が起きる確率を掛け，それら n 個の
全てを加え合わせることによって求められる.

　　期待値 ＝ 結果１の実現値×その生起確率
　　　　　　　＋結果２の実現値×その生起確率
　　　　　　　＋…
　　　　　　　＋結果 n の実現値×その生起確率

　以上のように，「期待値的な判断」とは，各行動方針案ご
とにもたらされる期待値が最高である行動方針案を選ぼう
というものである.

　ここで１つ問題がある. それは生起確率の設定のことで
ある. 宝くじのように容易にわかる時は良いが，トランプ
ゲームのように敵の意思があるような場合には設定は難し
いものである.

　設定方法には大きく分けて２つある. １つは，全く予測
がつかないのであれば，いずれの結果も同等に起こり得る
と考えて生起確率を均等にするという方法である. 他の１
つは，事例や報道資料，あるいは，関係者の性格，当該組

織の考え方（思想，教義）などから推定したり，統計をと
ったりして概略のところを押さえるという方法である．

　例では，各条件の中，どれが妥当かは決め難く，したが
って，生起確率は均等であるとして各々1/3 と置き，まず，
A 案の場合を示すと次のようになる．

$$A 案の期待値 = 0.46×1/3＋0.52×1/3＋0.49×1/3$$
$$= 0.49$$

　同様にして，B 案の場合は 0.52 となり，したがって，最
適案は B 案となる．

　なお，先に挙げた 3 つの考え方についてもっと詳しく知
りたい方は，「ゲームの理論」という分野の書物を参考にし
てほしい．

■ 意思決定者にどのように提示するか

1　具体的施策

　以上のように意思決定者に提示する最適案が決まったと
して，次にはこれをどのようにして提示するのかというこ
とである．

　たいていは，これらの解析結果や計算結果を意思決定者
のところへもって行って，そのまま提示してしまうのであ
る．

　「こういう計算結果となったので，B 案が最適である」

と.

　これでは無責任である. やはり, 提示する際は, 結果が意味する, 具体的な行動に解釈し直して表現し, 結果がそのようになった理由を実問題の観点から説明するべきである.

　「神風特攻機対策」においては, 統計分析表をもち出すことはなく,

　①全ての艦艇は, 高空からの特攻攻撃に対してはその艦
　　側を向け, 低空よりの攻撃に対しては艦首を向けるよ
　　う試みるべきである.
　　これは, このような行動を採った方が特攻機の命中域
　　に含まれる艦艇の面積が小さくなるからである.
　②大型艦は, 特攻攻撃をかわすため急激な変針を行うべ
　　きである.
　③小型艦は, 特攻攻撃に対して適切な変針を行うが, そ
　　の際, 対空砲火の効果を急激に落とさぬようにすべき
　　である.
　　これらは, 命中するのをかわすことは自明であり, さ
　　らに小型艦の場合には変針のために船体が揺れて対空
　　射撃の精度が低下するからである.

というように, その理由を説明しつつ, 具体的な施策・方法を勧告したのであった.

　例題の場合, 表2-14の検討結果を解釈して, 例えば,

・敵の撃破確率の値によって火力配分の要領は異なる.

・敵の撃破能力の違いが大きい時は，強い方のみを射撃するべきであり，同等であれば 1 発ずつ射撃するべきである.

　これは，能力の低い敵に撃破される確率は低いので放っておいても良いが，強い方については連続して射撃し，これを撃破しておかないと味方が撃破されてしまうからである.

というようになるだろう.

　決して，意思決定者に算定結果の表を見せて，「敵の撃破確率が各々 0.8，0.2 の時は B 案が良く，云々……」と，数字そのままの説明をしないことである.

2　付言事項

　具体的施策に付け加え，検討結果に定量的にとり入れることができなかった事項，例えば，近辺への砲爆撃による炸裂音によって威圧され，萎縮して行動がとれなくなるという制圧効果や，会社への忠誠心の高低による業務遂行能力の程度などといった，精神的な効果や影響などについても述べなければならない.

　例題について言えば，重点配分案を採った場合，射撃しない敵に対する恐怖感から味方の射撃精度の低下が考えられる.しかし，その度合いが明らかでなかったために，それが考慮されていない.したがって土塁の構築，士気の鼓

舞など，恐怖感の払拭という処置が必要である，などの付
言事項を述べておく必要がある．

【手順7】実行状況を管理する

■提案した後も観察する

　検討を行ったその時には，決め難い条件や不確定な値が
あったために，前提を置いたり推定値を用いていることが
ある．そこで提示案が採用された後，検討結果との食い違
いはないか，不具合なことが起きていないのか，提示案は
予測どおりの結果をもたらしているか，などと実行状況を
観察する．

　さらに，時には関係者に意見聴取などを行い，場合によ
っては，見直して修正案を提示することも必要である．
場・敵などについて課した前提条件の変化，目的・装備の
性能データ・運用の変更あるいは明確化などに伴い再検討
をしなければならないこともあるのである．

　神風特攻機対策の場合では（表2-15），「提案した戦術を
採用していた艦船への命中率を18ポイントも下げている

提案戦術の採否	艦船への特攻機命中率（%）
採　用	29
不採用	47

表2-15

のである」と.

　また，食器洗浄桶の配置の場合では，後日談にあるように伝染病が発生したとなれば，当初の目的であった「行列をなくすこと」は見直しが必要となる．疫病予防を目的として，評価尺度からの再検討を実施せざるを得なくなるのである．はたまた再配置となることであろう．

■例題の場合

　例題について言えば，狙いとするところが変化して「味方の残存確率の最大化」を取りやめて「撃破が期待できる敵戦車台数の最大化」を追求するようになれば，評価尺度からの見直しが必要になる．あるいは，味方の火器の撃破確率の増大が期待できるようになれば，シミュレーションからやり直すことが必要になってくることにもなる．

　また，第一線の戦士の意見を聞いたところが，

「横から敵の戦車がやって来るのに片方の戦車だけに射撃するというのは恐怖を覚え，現実的ではない」

というような意見が多かったとなれば，何か検討漏れがあるのではないかと考え，モデル化の見直しをするようなこともあるのである．

　ここで，【手順2】で述べたように，これまでの評価尺度である「味方の残存確率」ではなくて，目的が「敵の戦車を少しでも多く撃破する」と変わり，評価尺度を「撃破が期待できる敵戦車台数」とした場合にどうなるのかについて考えてみよう．

　期待値の概念については，【手順6】で述べたように，実現値とその生起確率の積の総和で求められるので，各案ごとの撃破期待数は次のようになる．なお，ここでは解析的方法で求めることにする．

　A案（均等配分）の場合，撃破期待数を N_1 とすれば，

$$N_1 = 1 \times P_0 + 1 \times P_0$$
$$= 2P_0$$

となる．これは，1発目で P_0 という確率で敵戦車1両が撃破でき，2発目で同様に P_0 という確率で敵戦車1両が撃破できることになるからである．

　B案（重点配分）の場合の撃破期待数を N_2 とすれば

$$N_2 = \{1 - (1 - P_0)^2\} \times 1$$
$$= 2P_0 - P_0^2$$

となる．これは敵戦車1両に2発とも射撃するため，2発のうち，少なくとも1発が命中することで敵戦車1両が撃破できるからである．

　ここで，両案の差を取って，それを $\triangle N$ とすれば

$$\triangle N = N_1 - N_2$$
$$= P_0^2$$

となり，これは常に正となる．つまり，A 案での撃破期待
数の方が常に多くなるということなので，最適案はどのよ
うな条件下でも常に A 案となる．

　なぜ B 案の重点配分が良くないかというと，1 発目で撃
破できた可能性のある 1 両目に，過剰に 2 発目も射撃して
しまい，2 発目で 2 両目の戦車を撃破できる大きなチャン
スをみすみす逃してしまう可能性があるからである．

　評価尺度が「味方の残存確率」の場合，検討する条件の
下では上記とは逆の B 案であった．このように目的，そし
て，評価尺度の変更によって最適案がこれほどまでにも大
きく変わってしまうので，その設定に際しては十分考えて
ほしいと思う．

2 実際の問題への適用

2.1 適用のための手順

　以上がたいていの OR に関する書籍に書かれている
「OR の一般的手順」と呼ばれているものである．しかしこ
の手順は，あくまで基本であり，必ずしも全手順をこの順
序ですべて踏まなければならないということはない．

　OR を適用する際，ひととおりの手順ですんなりと終わ
るようなことはむしろ少ない．試行錯誤の連続で，手順の
間を行きつ戻りつして検討を深めていくことになると思
う．あるいは逆に，手順の全体を経ることなく，一部分の
手順のみで最適案に到達するようなこともあると思う．

　時には，手順を踏んでいる間に検討にあたいする問題で
はなかったということもあるし，また，真の問題は別のと
ころにあることがわかったりすることも多々あるのであ
る．

　例えば，かなり前に「新しい設備をどのように運用して
いけば良いのか？」と検討を依頼されたことがあった．目
的を明確にしようと，依頼者に「どのような場で運用され
るのか？ その設備で何を得ようとしているのか？」など
と運用構想を確かめていったところ，ほとんど考えられて
いなかったということで，検討をとりやめたことがあっ
た．検討依頼者がハードを取得することのみにとらわれて
いたためか，運用のイメージをもたず，曖昧にしか考えて
いなかったのである．

　こういった具合で，手順を追うにつれてさまざまな結果が生まれるものである．だから，検討内容そのものにドップリと浸かってしまうと，まわりが見えなくなってしまい，検討漏れが生じたり，検討が進まなくなるようなこともある．時折，いったい何の検討をしていたのかと初心に返ることも必要である．

2.2　適用できる問題を発見する

　手順を知ればすぐにでも OR を使って問題がどんどん解決できそうに思われるが，ことはそう簡単ではない．確かにそれぞれの手順において用いられる技法がかなり整っているので，OR の方法を適用すること自体はそれほど困難ではない．

　難しいのは，「適用する問題を見つけること」である．実は，それが OR の一般的手順の「真の第 1 歩」なのだ．「さぁ，OR を適用してください」と言わんばかりの形になっているのはまれである．

　たいていは，漠然とした諸事象を分析，整理し，OR を適用すべき対象を探り出し，それを OR が適用できるような形に整える，というようなことがまず必要となる．

　経験からすれば，適用の形態は表 2-16 のように 4 つに分けることができるようである．

　分類の軸は，1 つは「適用のしかた」であり，OR をどのように用いれば良いのかがわかっているか否かである．もう 1 つは「適用する対象」であり，これは適用しようとす

適用の	適用する対象	
仕 方	明 確	不 明
明 確	①認識・解決的	②発見・提案的
不 明	③認識・貢献的	④探索・貢献的

表 2-16

る対象がはっきりとしているのか否かである.

表の①認識・解決的とは,不具合な点が認識されており,それに代わる運用方法の代案を考え出し,より良い運用方法を見つけるというような形態を言う.

例えば,本書で扱った例題のような場合である.

②発見・提案的とは,いまのところは特に問題は感じていないが,現行の運用方法に順次 OR を適用していき問題点を見つけ出し,さらに良い運用方法を提案していくというような形態を言う.

例えば,図 2-26 のようなある部署の組織について,係長などの管理職員を減らして,営業マンを増やした方が業務の効率化が図れるのではないか,といったような案について OR を適用し,より良い方法が見つかればそれを提案するということである.

③認識・貢献的とは,問題は感じられるが,OR が適用できるのかどうかわからない.そこで問題を分析していき,小分けすることによって抽出できた適用可能部分についてのみ OR を用いて検討し,実問題の解決に貢献していくというような形態を言う.

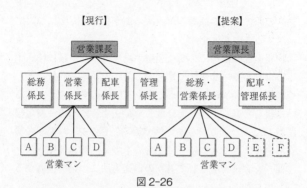

【現行】　　　　　　　　【提案】

図 2-26

　例えば, かつて OR の勉強会で, 「輸送途中に妨害や阻止行動に遭ったりする恐れがある場合, 輸送をどのようにすれば良いか」というテーマを設定したことがあった. 当然, OR の方法を用いても「こうすれば良い」というような答えが簡単に出てくるはずはなかった. 問題を設定したものの, 当時は本当にどうとり組めば良いのか, 設定した本人が考え込んでしまった. もちろん, 仲間も困惑していた.

　妨害されないように秘密裡に輸送したらどうか, 阻止行動にあっても破壊されない構造をもった輸送車両を開発したらどうか云々, といった話を仲間と冗談半分にしていただけで, なかなか OR が適用できるようなソフトに関わる問題の形に仲間を導けそうにはなかった.

　それからかなり経って, OR で輸送問題を検討できる内容を探り出すことができた. たどり着いた問題は, コロン

ブスの卵のようではあるが，次のような輸送方法について
検討することだった．

物資全部の輸送に必要な運搬手段を使って一挙に輸送す
るのか，あるいは逐次に輸送するのかの「輸送回数」と，
その際，1本の経路を使って集中的に輸送するのか，ある
いは複数の経路を使って分散して輸送するのかの「使用経
路数」だった．この2つの観点から，図2-27のように輸
送形態を大きく4つに分けたものを考え，輸送速度（量／
時間）を評価尺度として各々の輸送方法について検討する
ことにした．

4つの輸送方法については，別の見方をすれば，総輸送
量を空間的に分けるか否か，また時間的に分けるか否かの
組み合わせでもある．

このような検討をすることによって，関係するさまざま

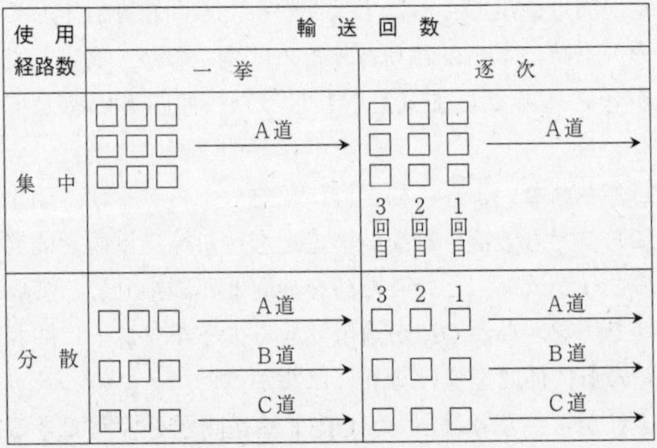

使用経路数	輸 送 回 数			
	一　挙		逐　次	
集　中	□□□ □□□ □□□ →A道		□□□ □□□ □□□ 3回目 2回目 1回目	→A道
分　散	□□□ →A道 □□□ →B道 □□□ →C道		3 2 1 □□□ □□□ □□□ □□□ □□□ □□□	→A道 →B道 →C道

図2-27

な要素で形作られる輸送のメカニズム，構造を定量的に把握でき，各々の案がどのような特性をもっているのかといった有益な知見を得ることができた．そうして得た知見によって，さまざまな条件の下において，どれが最適な輸送方法となるのかを探ることができた．

当時はなんら見通しはなく，暗中模索で，まずはとり組んでみて，どのような結果が得られるのかやってみよう，という状態でとりかかったのである．幸運にも，その検討経験は勉強会の目的を十分に果たし，実を結んだ．自分でテーマを設定しておきながら，「こういった OR の使い方もあるものだな！」と，当時は OR の有用性について改めて認識したものである．

④探索・貢献的とは，現在これといった問題に直面しているわけでもなく，認識もしていない．したがって，当然のことながら適用できるかどうかもわからない状態ではある．しかし何か OR で検討できるものがあるのではないかと模索し，問題解決に貢献していくというような形態を言う．

そのためには，教育や経済，政治などでのさまざまな現象を分析していき，現行の，あるいは将来の運用方法やしかたの中で OR を適用できそうな部分はないかと探り，可能であれば適用していく，というものである．

例えば，教育分野をとりあげると次のようになる．

教育分野は教師，教育管理，教育施設，教育要領などといった構成要素に分けられる．その中の教育要領について

は，さらに教育項目，教育順序，教育時間，教育型式など
に分けられる．その中の教育時間に関してORが適用でき
ないか検討する．具体的には，時間割りの1時限分の時間
の長さについて考え，適用問題を見つけ出し，より望まし
い教育時間を設定していくというようになる．この場合，
通常の1時限分の教育時間は50分であるが，果たしてこ
れで良いのかと改めて考えるのである．

　集中力の持続の点からは長いような気もするし，導入の
ための説明時間や確認のための小テストの時間などを考え
ると短いような気もする．1つの考え方としては，時間を
もっと短くして集中力を高めさせるようにし，また，時間
が短くなった分，1週間のうちに何回も授業を行えるよう
になるので，その反復によって記憶力を高めようという方
法もある．他には，時間を長くして内容を深くして充実さ
せ，回数は少なくなるが印象を強くさせて記憶力を高めよ
うということも考えられる．その中間に具合の良さそうな
時間があるようにも思われることから，これを見つけよう
としてORを適用してみる，というようなことである．

　以上のように，ORの活用の形態はいろいろとあるもの
である．ORの方法を覚えたとしても，それを適用するこ
とは一般的にはやさしいものではなく，かなりの努力が必
要であると思う．へこたれることなく，これらの形態を参
考にしてさまざまな問題に果敢にORを適用していってほ
しいと願う次第である．

　これまでの説明に用いた例題も，実際は，学校での試験問題のように最初からORの方法を適用すれば良いというような形には整理されていたわけではない．当初は，敵の戦車にどのように対応すれば良いのか，というような抽象的な問題認識に始まり，問題を分析していき，いろいろな場合分けがなされた．どこを狙って射撃するべきか，いつ射撃するべきか，何発ずつ射撃するべきかなどと考えていき，やっと例題のようにORが適用できるような形にしていったのである．

　常に，ORで料理できる部分はないかという意識をもって社会を見渡していないと，適用問題はなかなか見いだせないものである．常時ORの視点をもち続ける，ということが大切であると思う．

第3章
ORのあゆみ

1　ORの誕生と発展

　では，このような方法論がどのような経緯で世の中に出てきたのだろうか．別表「OR関係年表」に，ORの誕生に直接関わることはもちろんのこと，布石的な，あるいは間接的にも関連すると思われる出来事について，文献 [5][6][7] を参考にしてまとめてみた．

　主要なところを述べると次のようになる．

1.1　イギリスで産声

　ORの萌芽はそれまでにもアメリカでもイギリスでも見かけられたが，咲き誇るまでに至らなかった．花が開くのは第二次世界大戦の前夜頃からで，科学の力で対独戦を乗り切ろうとその準備に翻弄されるイギリスで，ORの姿が形作られていったのである．

　きっかけは，当時は最先端装備となるレーダーを完成させたものの，いざ運用してみると思うような成果が得られなかったことであった．その原因を探る際，それをレーダーなどのハードそのものに求めず，レーダーやそれをとり巻く周辺機器までを含む全体の用い方，つまり，オペレー

ションに求め，それを研究するようになったことである．
この研究を，通常意味するところの研究である「テクニカ
ル（技術的）なリサーチ」と区別するために，「オペレーシ
ョナル（運用的）なリサーチ」と言うようになったのであ
る．つまり，研究の目を，物である個々の構成要素やその
中身ではなく，構成要素全体を1つのシステムとしてとら
えて，その組み合わせ方，用い方に向けたことから OR が
真に始まったのである．

　OR 適用の効果はてきめんに現れ，レーダーだけでなく
他の多くの戦闘部署にも適用され，数々の改善をしていっ
たのであった．

1.2　アメリカへ伝承

　OR の効果がアメリカにも知れわたるようになった．そ
の時アメリカは，イギリスと同様に戦争を科学の力で乗り
切ろうと努力していた矢先で，OR が受け入れられる態勢
も整いつつあったこともあり，陸海軍に用いられるように
なったのである．アメリカでの OR は，米語読みの表現で
「オペレーションズ・リサーチ」または「オペレーション
ズ・アナリシス（OA）」と呼称された．

　ここで，オペレーションズと複数形になっているのは，
まれにしか行われないような運用を研究の対象にしている
のではなく，何度も頻繁に繰り返される運用を対象として
いることを示すためであると言われている．あまり繰り返
されないような運用からは規則性を見つけ難く，したがっ

て科学的になり難い．あまり繰り返されない運用に，仮に最適と考えられる用い方を提案したとしても，誤差があったり，偶然もあったりして大きく外れる可能性もあり，適正な提案は困難になるからであろう．

　米海軍ではOR研究は専門の研究員が行うものであり，軍人が行うのは分析であるという認識から，ORのことをOAと表し，オペレーションズ・アナリシスと称しているとも言われている．

1.3　日本への導入

　防衛庁にORの部署が置かれるようになったのは，イギリスで「オペレーショナル・リサーチ」が行われるようになってから約20年後の1955年（昭和30年）頃である．そして，わが国に「OR学会」が設立されたのは，イギリスで「オペレーショナル・リサーチ・クラブ」が結成されてから約10年後の1957年のことになる．

　太平洋戦争前に日本でも，ORのような発想が全くなかったわけではない．文献[8]によれば，太平洋戦争中にすでにその類の研究は行われていたようで，品質管理が主体で，戦時中の技術院においてOR的な研究が行われていた．乏しい資源と工業生産力とを総合的に最大限に活用して，どれだけの戦闘力を作り出すことができるのかという研究が中心課題であったという．

　ジュラルミンがないので鉄板で飛行機を製作すると，その飛行機の寿命は1カ月しかない．そこで，そのような飛

行機には1カ月以上保つような装備をしてはいけないという OR 的結論が出されたという. そのほかにも, 探索理論などのいろいろな OR モデルも研究されていたという. しかし, このような研究も, 実際の軍の作戦にはなにひとつ採用されなかったようである.

　また文献 [9] によれば, 内閣の戦力計算室というところでポートモレスビー (パプアニューギニア) の日本海軍の基地に, どれくらいの航空機と, どれくらいの爆弾とを補給したら良いのかについて計算したというのである. 戦力計算室は 1942 年 (昭和 17 年) に首相官邸に隣接する木造庁舎の 2 階の広い一室に設置され, 多くのモデルを駆使する OR 的な作業が行われていた. しかし時の東条首相がそこを視察した日をもって廃止されてしまったということである. どうやら首相の気に入らない, 具合の悪い研究結果をその時に披露したためらしい. 戦っている者同士でも, OR 活動に対して, 片やボツにし, 片や活用するという違いである.

　戦後の動きについては, 文献 [8] によれば, Operational Research なる語が最初に日本にきたのはサンフランシスコ講和会議の少し前のようである. その時, ワシントンから訪日してきたライス統計調査団が, 講和後の日本の官庁統計のあり方について出した勧告書の中に, Operational Research という語が使われていた. 翻訳官がこれを「動作分析」と訳してみたが, どうもおかしいので, オペレーショナル・リサーチと訳出したという話である.

　また，文献 [9] によれば，文献 [1] の "Methods of Op-
erations Research" の初版は 1950 年 4 月に限定出版され
ており，その内容の一部は阪大教授をされていた伏見康治
氏が，1951 年 10 月に岩波書店発行の「科学」と，朝日新聞
の学芸欄に紹介されたということである．この "Methods
of Operations Research" は仮訳され，文献 [9] の筆者を含
む 6 名が 1951 年 7 月から翌年の 3 月までの間，この仮訳
したものをテキストとして用いて勉強会を行っていたとの
ことである．なお，その仮訳のテキストは，自衛隊の前身
の保安隊でも研究資料として使用されていたということで
ある．

2 OR関係年表

1902

日英同盟締結

1909

アーランが "Solution of Some Problems in the Theory of
Probabilities of Significance in Automatic Telephone Ex-
changes" で電話交換の輻輳理論（呼損および待ち時間の
公式など）を発表（「待ち行列理論」のはしり）.

1916

F. W. ランチェスター（英）が著書 "Aircraft in War-
fare" の中で「ランチェスターの法則」を発表. 彼は自動
車技術者で, 航空機に興味をもち, 「Prandtl-Lanchester
の翼揚力理論」も発表.

1917 頃

トーマス・エジソンが OR 的な研究を実施. NDRC（ア
メリカ国防研究委員会）との関係は明らかではないが, 米
海軍は海軍諮問審議会を創設してエジソンを長に据える.
審議会では科学の軍事技術への応用の可能性について研究
させる.

エジソンは対潜作戦, 特に聴音装置の実験を依頼される
が, そういった潜水艦討伐の手段そのものの研究よりも,
終局的な目標である味方の船舶を救う方策に直結する研究

を行うべきであると考え，調査を実施した.

　資料の整理の結果，「潜水艦による被害は主として昼間に発生しており，夜間の被害は6パーセントにすぎない」ことがわかり，「夜間に危険海面を突破して夜明けまでに安全な海域に達するべきである」などという原則を打ち立て，望ましい船舶の運行プランを海軍長官に提出した.

　また，兵棋盤を工夫した. これを用いて，潜水艦の攻撃を回避するために商船がジグザグ形の航路を選ぶことの価値を検討し，「10ノット以下の船舶についてはジグザグ航路の効果はない」という結論を出している.

　このような分析結果は，米海軍のみならずイギリス海軍省にも届けられたが，ともに何かに反映させたという兆候はない. OR活動は見送りの状態へ.

1935. 1

　イギリス航空省内に防空委員会設立. 委員長ヘンリー・ティザード，委員は H. E. ウィンパリス，A. V. ヒル，P. M. S. ブラケット，幹事は A. P. ロウ. 委員会の目的は「敵すなわちナチス・ドイツの航空機に対する現在の防衛手段を強化するのに，最近の科学技術の進歩がどの程度まで役立つかを考察すること」であった.

　第1回の会合でウィンパリスは，当時，巷間の話題にしばしば上る殺人光線に関するワトソン－ワットの覚書「殺人光線は現状では技術的に不可能と思われますが，電波は近づく敵機をいち早く発見するという目的には活用でき，

これは検討に値する」を披露する．これがレーダーの，そ
して OR 誕生のきっかけとなる．

1935. 2. 26
　ティザード委員会はレーダーの技術的な説明をワトソ
ン－ワットから聞き，試作機のテストに立会って感銘を受
け，イギリスの空の防衛としてレーダーを研究することを
決断する．

1935. 3
　ティザード委員会は予備実験，レーダー・ステーション
の建設，早期警戒網の組織化に関する計画を作成し，航空
省に答申．

1935. 5
　イギリスのサフォーク海岸にレーダー実験所の建設を開
始．

1936
　イギリスに初のレーダー・ステーションが完成．高さ
240 フィートのタワーに据え付けられたレーダーは周波数
25 メガヘルツで，高度 1 万 5000 フィート（約 4500 メート
ル）の目標機を 75 マイル（約 120 キロメートル）の距離で
探知することができた．

1936.9

イギリスでレーダー初参加の要撃演習が実施されたが,成果は思わしくなかった. しかしティザードたちは, 要撃が不成功であったのはレーダーの利用法のオペレーショナルな研究をしていなかったためだと反省する.

ティザードは, 管制迎撃の技術を科学的に研究するため, ディッキンズをチーフとする文官科学者をビギンヒルの航空基地に配属. それまで聖域であった軍人の職場で,「文官の科学・技術者が軍人と混じって仕事をする」という見馴れないことが始められ, これが思いがけない成果を挙げる.

1937

防空委員会のロウは, レーダーの技術的 (テクニカル) 研究と並行して, その運用面を扱う (オペレーショナル) 研究を指示. テクニカルな研究に対し, このようなオペレーショナルな研究を区別するため, このロウが「オペレーショナル・リサーチ」という表現を作った.

1939

イギリスのレーダー・ステーション数は 20 へ. これらのステーションは, 高度 1 万 5000 フィートで近づく敵機を 100 マイル (約 160 キロメートル) 以上の距離で捕捉することができた.

これでレーダーという新兵器と, 高射砲, 迎撃戦闘機を

効果的に組み合わせて防空という目的を達成するシステム
が完成．イギリスは，その後の対独戦においてこの防空組
織に支援されて健闘し，英空軍の 915 機の犠牲に対して，
ヒットラーの空軍に 2 倍に近い 1733 機の喪失を強いた．
これが，後に始まる OR チームの活動を支える貴重な実績
となる．

1940. 8

　防空委員会のブラケットはイギリスの対空砲部隊から
OR の依頼を受ける．問題は，照準用レーダー GL-1 がう
まく使いこなせないということであった．ブラケットは，
問題の所在を照準用レーダーを含めたより広い範囲と推察
し，生理学者と天文物理学者，物理学者，そして陸軍士官
という組み合わせの，いわゆる「学際チーム」を編成して
仕事を始める．GL-1 のアウトプットをどのように処理す
るかに種々の工夫を加え，それまで 1 機撃墜当たり 2 万発
要した弾数を後には 4000 発にまで改善した．

　このようにして問題を究明し，解決法を編み出しながら
部隊から部隊へと移ってくる彼らを，兵士たちは「ブラケ
ット・サーカス」と名づけて待ち受けたと言われている．

1940. 8. 31

　イギリスから，ティザードを団長とする一団がアメリカ
訪問のために出発した．これは，イギリスがドイツとは単
独で戦い得ず，アメリカの力を必要としたため，ギブ・ア

ンド・テイクの原則から交換条件として，軍事技術の機密
をアメリカに譲るための使節団である．その際，ティザー
ド使節団は，情報交換のために NDRC の事務局をロンド
ンに設置することを勧める．NDRC はコナント委員を派
遣．コナントはイギリスの実情を直接視察し，イギリス軍
のオペレーショナル・リサーチという名の目新しい活動に
少なからぬ知見を得て帰国した．

1941

ヒッチコックによる「輸送問題」の解法が発表される．

1941. 3

イギリス沿岸警備隊で OR 活動．ブラケットは沿岸警備
部隊に配置され，対潜戦の諸問題に知恵を絞ることにな
る．本書で OR 適用例として紹介した「爆雷の深度調整」
は，この時の話である．

1941. 12

イギリス海軍省内に OR チームを編成．最も寄与が大き
かったのは「船団を構成する隻数の最適な決定」という問
題だった．

1942

欧州戦線に展開中の米陸海軍は，英軍が採用しつつある
OR チームの活動に注目し，同様の活動を本国へ要求した．

OR 活動の採用を検討していた NDRC は，この要求を受容.

1942. 3. 1

　米海軍兵器廠内に，機雷の攻勢的使用法に関する分析研究からスタートした，エリス・A. ジョンソンと G. ショートレイたちによる NOL（Naval Ordnance Laboratory）オペレーショナル・リサーチ・グループが旗揚げ．彼らの研究は後に，対日機雷封止作戦計画の基礎作りに貢献した．

1942. 4

　NDRC は，大西洋艦隊対潜部隊から，対潜戦闘の分析ができる科学者グループの派遣の要請を受ける．5 月には MIT（マサチューセッツ工科大学）の P. M. モースや，G. E. キンボールら 7 名の科学者からなるグループを編成．

1942. 9

　米陸軍第 8 爆撃隊に最初の OR チームが到着．課題は「命中弾をいまの 2 倍にするにはどうすれば良いか？」であった．

　当時，イギリスに展開中の第 8 爆撃隊の司令イーカーが，英空軍との協同作戦中に英軍の OR 活動に注目．ワシントンに上申したところ，陸軍航空隊の司令官であった H. H. アーノルドが，熱心に耳を傾けて聴いた英軍の OR 活動に関するブッシュの報告もあって，OR の採用を決心

した.

　ORチームは先の課題について部隊挙げての協力の下,
部隊のオペレーションについて細大漏らさず手ほどきを受
けることから始まり,評価尺度を決め,次にこの尺度で測
られる結果に影響をもつ要因を拾い上げては冷静な分析と
改良改善を積み上げていった.チームが到着してから2年
余りの間に,第8爆撃隊の命中率は4倍に向上した.

1942. 10

　アーノルドは麾下の全軍に対して,その幕僚部にORの
グループを置くようにという勧告文を発送した.

　その後,次々とORチームが誕生し始め,「オペレーショ
ナル・リサーチ・セクション」という名称が与えられ,ORS
と略称される.しかし,イギリスのORチームとの混同を
避けるため,OAS(オペレーションズ・アナリシス・セク
ション)と改称.これがアメリカ,特に米空軍において
OA(オペレーションズ・アナリシス)という呼称が用いら
れるようになった由来と言われる.

1942. 12

　米陸軍航空隊は各OASの活動を支援する課OADをワ
シントンに設置.

　なお,終戦の頃にはOASは26を数え,文官科学者の専
従分析者は175名に達した.士官や事務職員まで含めると
全陣容は400名におよんだと言われる.中には,後にノー

ベル物理学賞を受ける W. ショックレーもいた.

　また, この頃 NDRC を改組. 部の数が 20 余りとなり,
この機会に数学担当の AMP（応用数学パネル）を創設す
る.

　AMP が担任した研究は, 約 200 件にものぼる. 数値計
算法や数表作成といったものから空中戦, 砲爆撃に関する
応用的な研究, B-29 の最も効果的な使用法まで.

　この AMP を通じて行った契約研究で, 統計解析, 統計
的品質管理に関する数多くの優れた研究がなされた. ま
た, J. フォン・ノイマンの汎用計算機の開発研究も推進さ
れた.

1943

　前記モースたちのグループは約 40 名の規模に成長する.
第 10 艦隊の幕僚部に所属. グループ名は「対潜戦闘オペ
レーションズ・リサーチ・グループ」.

　その後, 所属は変わり,「オペレーションズ・リサーチ・
グループ」（ORG）と改称する. 対潜戦闘のみならず, 各種
の海軍作戦の分析作業に従事. 艦隊配置と本国の研究室配
置の間でローテーションを行い, 問題の発見, 分析, 勧告
および検証を円滑にするという方式を採用した. 戦争終結
の頃には, 約 70 名の規模に到達. この間の成果は, 戦後間
もなく編集された, OR の三大古典とも言われている, 3つ
の報告書にみることができる.

■ Morse, P. M. and G. E. Kimball: "Methods of Operations

Research"（邦訳書名：『オペレーションズ・リサーチの方法』中原勲平訳），*OEG Report*, No. 54, OCNO, Dept. of US Navy, 1946

■ Koopman, B. O.: "Search and Screening"（邦訳書名：『捜索と直衛の理論』佐藤喜代蔵訳），*OEG Report*, No. 56, OCNO, Dept. of US Navy, 1946

■ Sternhell, C. M. and A. M. Thorndike: "A Summary of Antisubmarine Warfare in World War II"（邦訳書名：『第二次大戦中の対潜戦闘』筑土竜男訳），*OEG Report*, No. 51, OCNO, Dept. of US Navy, 1946

1944

　フォン・ノイマンによる『ゲームの理論』の書物が出版される．

1945

　フォン・ノイマンによる「モンテカルロ法」が発表される．

1945. 11

　約70名の規模であったP. M. モースをチーフとする海軍ORグループは解散したが，この時期，海軍との契約でMITが運営する研究機関「OEG」として再出発．

1946

　イギリス貿易局内に特別研究班が設けられ，平和時の産業・貿易に関する諸問題に対して OR を用いる試みが始まる．

1947

　チャールズ・キッテルが「OR とは，執行部門に対して定量的な判断の基礎を与える科学的手段である」と定義した．サー・チャールズ・グッドイブは，これを多少修正して，「OR とは，執行部門に対して，その管轄下にあるオペレーションに関する決定に定量的な根拠を与えるために科学的な方法を用いること」と定義した．

1948

　イギリスで「オペレーショナル・リサーチ・クラブ」が結成される．
　アメリカでは，戦時中に 175 人におよぶアナリストを擁した陸軍航空隊の OAS が，動員解除に伴い司令部内の小グループに編成替えとなるが，この年，「RAND 研究所」を設立する．また，陸軍はジョンズ・ホプキンズ大学に ORO（OR 研究所）を設立．所長は E. A. ジョンソン．
　ダンツィヒによる「線形計画法」が発表される．

1949

　シャノンによる「情報理論」が発表される．

1949-50

GHQ（連合国軍総司令部）の Civil Communication Section（CCS）が CCS 講座を開講し，IE，QC，OR などの管理に関する普及活動を行った.

1950

イギリスのオペレーショナル・リサーチ・クラブが機関誌「オペレーショナル・リサーチ・クォータリー」を発刊.この主目的は OR 関連文献のアブストラクト（要約）を提供することであった.

1951

ケンドールによる「待ち行列理論」が発表される.

B. A. 社＆H 社およびロッキード社による「PERT（日程計画法）」が発表される.

1952

ベルマンによる「ダイナミック・プログラミング」が発表される.

1952. 2

アメリカのコロンビア大学で学会設立大会が開催され，「ORSA（アメリカ OR 学会）」が発足.初代会長は P. M. モース.

なお，翌年，ORSA 結成に異を唱える人たちが第 2 の学

会「TIMS（経営科学国際会議）」を設立する.

1953
　Kiefer, Wolfowitz, Dvoretzky による「在庫管理」が発表される.

1955 頃
　発足間もない防衛庁は, その成立の経緯からして OR に大きな関心をもっており, OR の組織を設置する.

1955. 11. 7
　関西において経営科学協会設立総会が開催される.

1956
　わが国初の OR 出版物である, 佐藤文男氏の著書『わかり易いオペレーションズ・リサーチ』が日科技連出版社から出版される.

1957
　関西の経営科学協会と東京の OR グループとが合体して「日本 OR 学会」を設立する. 学会機関誌は経営科学協会発行のものを踏襲し, 巻数, 号数も引き継ぐ.
　日本 OR 学会設立総会と同時に第 1 回の研究発表会が慶応義塾大学の三田キャンパスで開催される.
　IFORS（国際 OR 学会連合）が発足する.

おわりに

　大を用うるに拙なり

『荘子』より

　昔，梁の宰相恵子が荘子に話すには，かつて魏王が自分に大瓢箪の種をくれたが，実ったものがあまり大きすぎて瓢箪の用をなさないから打ち割ってしまった，というのである．

　それを聞いて荘子は，貴方は大きいものを用いることを知らない．瓢箪が水や酒などを入れるのに大きすぎるのなら，それを舟の代わりにして湖に遊ぶこともできように，と言ったというのである．

　つまり，瓢箪には酒，という固定観念にとらわれず，その「"もの"に即した考え方」をすべきであるということを言ったのである．

　我々が生活や仕事を進める場合を考えてみよう．通常，我々はさまざまな状況を判断しながら，人，設備・器材などを用いて，それぞれが求める目標に向けてできる限り良い結果をもたらそうとする．

　判断について言えば，最近の高度情報化の影響があって情報の収集・処理が容易になり，より高度な判断が可能になりつつある．

　人は歴史上かつてないほどよく教育されており，そして

設備・器材は先端技術を駆使した高性能・高機能なものが気軽に使えるようになった.

　このように，現代は良好な結果を得る条件は整っているはずである.ところが，である.その「“もの”の使い方」がまずければ，その効果が十分に発揮できず，結果は低調に終わり，せっかくの“もの”が台無しになってしまうのである.

　第二次世界大戦前夜にレーダーを開発した時，それを真に活用しようとその用い方を研究した.いままさに，このことが必要なのである.身のまわりのハードを，最近の風潮である「ソフト置き去りのハード」のままの状態で運用していってはいけないのである.“もの”の能力を最大限に発揮させるように用いなければ，宝の持ち腐れとなるだけであり，所望の結果が得られ難くなるのである.

　したがって，こういう時にこそ，「“もの”の，より良い用い方」を定量的に検討して見つけ出す思考方法であるOR が必要となるのである.

　これが実は，冒頭の「はじめに」に述べた，古い話題となっている“OR に関する本書”を「今」という時期に著すことにした1つの大きな理由である.

　「OR のあゆみ」で述べたように，OR が誕生することになったのは，使い方も考えないままに開発されたレーダーがあったからだった.技術開発が期待できる昨今においては，今後もまずハードありきという状況はあり得るであろう.そのような時にこそ，成果がすぐに現れないからとい

って運用を諦めるというようなことはしないで，OR を適用して最適な用い方を検討していってもらいたいのである．

　現在のハードの用い方については，最初に十分考えて決められたものであるとは思うが，もう一度見直されることを勧めたい．

　書を終えるに当たって，まず“まとめ”を述べよう．それは，

　　“もの”の出来不出来に原因を求めず，まず，その用い方
　　が適切か否かを定量的に検討せよ

ということであり，そして，その際は，

　　現状などをよく把握し，目的は何か，何が尺度かをよく
　　考え，因果関係をモデル化して定量的に最適案を導き出
　　す．定量化できないものがあるので，定性的判断を加え
　　て意思決定をせよ

ということである．

　読者の中には，これから OR を用いて検討してみようと思い立った人がいることと思うが，特に，そのような人に次の 2 つのことを伝えたいと思う．

　1 つは，「OR 検討の経験を積んでいった場合に備わって

くる能力」についてであり，他の1つは「ORワーカーとなっていく際に留意してほしいこと」である．

　1つ目の「備わってくる能力」の1つは，「あらゆるものを数量化しようとする癖が身につく」ということである．というのは，常にその"もの"の価値や，その"働き，機能"を評価尺度の観点から考えてどのように数字で表せば良いのかと，具体的に考える努力をするからである．

　したがって，定性的な表現である「空洞化」とか，「多忙感」といった言葉を聞くと，どんな数字をもって表し得るのかと考えるようになるのである．

　もう1つの能力とは，用い方についてはもちろんであるが，「"もの"を具体的に考えるようになる」ということである．というのは，運用結果をはじめとして，さまざまなことについて数字で求めようとすると，運用などを数式で表したり，図で表すことが必要になり，そのためには"もの"をより具体的に見なければならないからである．

　例題において残存確率を求める時も，敵味方が相互に射撃をするといっただけの曖昧な運用様相の概略だけでは不十分であり，具体的にどちら側から何発射撃をし，またその順序はどうなるのかといったことまでを考えることで，残存確率が求められたのであった．

　次に，2つ目の「ORワーカーとなっていく際に留意してほしいこと」である．それは"にわかORワーカー"にはなるな，ということである．

　人によっては，いままで経験したことのないような数学

的処理に優越感を味わうようになるため，検討対象を"そっちのけ"にしてその定性的分析を軽視するようになる．そして「数学的処理の結果だからしかたがない」と放言したり，得られた結果の数字に理由もなく固執するなど，「なぜそのような結果になったのかを，運用上の観点から説明しない，あるいは説明できない」というようなタイプの"にわか OR ワーカー"がいる．

また現場を観察したり，あるいは実際の姿を思い浮かべるようなことはしないで，学問的面白さのみにのめり込み，わざわざ高等数学理論をもち出して数式を複雑にする．さらに具体的な実行方法に直結できないような必要以上の厳密解を追究して楽しむなど，「実学から遊離した，空論に陥った"OR のための OR 検討"をする」というタイプの"にわか OR ワーカー"である．

このようになった"にわか OR ワーカー"は，俗に"ORバカ"と評され嫌われるようになり，ひいては「OR はつまらない，役に立たない」などという評価を受けることになってしまうので，特に注意を要する．OR が日本において普及，発展しない理由は，ひょっとしてこのへんにあるのかも……．

本書を一読されて OR に興味をもたれただろうか．本書には，著者の経験から考えて，OR を現実問題に適用するのに最低限必要と思われる事項を中心に記述した．このため，OR によく用いられるところのいわゆる「OR 理論・技

法」と呼ばれるものについてはほとんど記述していない.
それらについては,今後,本書の内容を足掛かりにして学
んでいってもらいたいと思う.読者諸賢の中から一人でも
多くの方が実問題に適用してみようと発奮され,勉強され
るようになることを祈念する次第である.そして社会につ
いてはもちろんのこと,OR の真の発展に貢献していただ
きたいと思う.

文庫化に際してのあとがき

　本書の内容は筆者がライフワークとして十数年にわたり取り組んできたもので，当初，講談社からブルーバックス版として『はじめてのOR』と題して出版した．

　当時，知人からは，書店で見て買ったよとか，再就職先でORの教育を任されていてその教材として使っている等と伝えられた．ネット検索してみたところ，大学の講義で参考図書として使われていることも知り，また，一番嬉しかったのだが，大変分かり易く書かれていると云う書評も目にし，少しは世のためになったと実感した．もちろん，母校の図書館，恩師等，関係先にもそれまでのお礼のつもりでお渡しした．市の図書館でも蔵書として見たし，書店でも平積みされたり書棚に並んでいる拙著を目にし，どれくらい借り出されているのか，また，売れたのだろうか等と思いを馳せていた．ただ，日を追ううちにいつしか図書館でも書店でも，また，ブルーバックス版の巻末にある既刊書一覧にもその姿を見掛けなくなってしまい，正直寂しくも感じていた．

　古希を過ぎ，本書のことが頭の中からほとんど消えかかっていたそのような折，筑摩書房の渡辺氏から電話が有り，
　「貴著をちくま学芸文庫の一冊に加えたいのですが．」
との，まさに"青天の霹靂"の言葉で，一瞬，宙に浮いた感じを味わいつつ，話を詳しくお伺いした．夢を見ているようで，そんな事が有り得るのだろうかと真に我が耳を疑った．実は，このご時世，ヒョッとして高齢者を狙った新手の詐欺話ではないかとも思ったが，文書のやり取りが進むにつれ，どうやら確かな話で，その疑念は消え去っていった．

　再び，世に一石を投ずることが出来るのかと思うと，感無量であった．投じる世におけるORの動向の一端を覗いてみようとネットを開いたところ，在職していた自衛隊内では組織の改編が有り，ORの実務，教育を所掌する部署は業務の拡大や人員枠の制約等により，地位や規模は幾分低下しているようではあるが，組織自体は存続していて，活動は続いていることを知った．学問の分野においては，代表的な日本OR学会の状況を見たが，多くの論文が学会誌に掲載されており，また，春と秋の研究発表会も以前のように催されていて，ORの知見の普及，後継者の育成もこれまでのように為されていると認識した．これらの点からしてORは依然としてその有用性は認められていて，これからも揺るぎなく，重用される筈であり，文庫による再

出版の意義は有ると感じた次第である.

　文庫化にあたっては，前著において気になっていた箇所に手を入れて万全を期したつもりである.

　なお，最近は対象となるシステムが巨大化，複雑化し，その上，人々は所掌範囲が広くなって多忙になり，時間に追われることが常態となっていることから，仕事を改めて見直したり，問題をジックリと分析する時間が無く，ORを適用することは難しくなっていると思う．そのような時でも，本書をペーパーウェイトの代わりに机上に置いて，気分転換に開いて地道なOR活動を思い出し，システムの本質を抽出し，業務の分割化とか問題の単純化等を図って対象を扱い易くして解決，改善に努めて欲しいと願うばかりである.

　また，ORを適用して，特に，改善案を提示する場合，従来のやり方を否定することになり，受け入れられ難く，拒絶反応が見られることは容易に想像される．そのような場合には，平易・簡明な話し方で粘り強く説いて欲しいと思う．いずれORの真価が認識されるようになり，前大戦において兵士達がブラケットサーカスの来訪を待ち望んだように，皆，ORワーカーがやって来てくれるのを待ち受けるようになってくれるものと確信している.

　最後になったが，この歳にして文庫での再出版という，まさに人生最後のご褒美をもたらして下さり，ご尽力頂い

た筑摩書房編集局の渡辺英明氏に，この場を借りて厚くお
礼申し上げたい．

2020 年 1 月

齊 藤 芳 正

参考図書

[1] Philip M. Morse & George E. Kimball, "Methods of Operations Research," *OEG Report*, No. 54, OCNO, Dept. of U.S. Navy (1946)(中原勲平訳『オペレーションズ・リサーチの方法』,日本科学技術連盟,1954)

[2] J. サマヴィル(市井三郎訳)『科学とはなにか』白揚社(1955)

[3] 岡 小天,大川章哉,斉藤晴男・編『高等学校物理』啓林館(1988)

[4] 森口繁一編『日科技連数値表』日科技連出版社(1954)

[5] 岸 尚「OR誕生の必然と偶然」日本オペレーションズ・リサーチ学会誌 Vol. 13 No. 10,日科技連出版社(1968)

[6] 岸 尚「OR活動の離陸その背景」日本オペレーションズ・リサーチ学会誌 Vol. 14 No. 5,日科技連出版社(1969)

［7］岸　尚「OR 活動の離陸　その条件」日本オペレーショ
ンズ・リサーチ学会誌　Vol. 14　No. 9, 日科技連出版社
（1969）

［8］春日井博ほか『解説 OR 入門』電気書院（1958）

［9］後藤正夫「私の OR ライフ　OR 昔ばなし」日本オペ
レーションズ・リサーチ学会誌　Vol. 42　No. 6, 日科技連
出版社（1997）

索　引

本書は二〇〇二年五月二〇日、講談社より『はじめてのOR』（ブルーバックス）として刊行された。文庫化にあたり改題し、内容の一部を改めた。

π の 歴 史　ベートル・ベックマン　田尾陽一/清水韶光訳

やさしい微積分　L・S・ポントリャーギン　坂本實訳

フラクタル幾何学(上)　B・マンデルブロ　広中平祐監訳

フラクタル幾何学(下)　B・マンデルブロ　広中平祐監訳

数 学 基 礎 論　前原昭二

現 代 数 学 序 説　竹内外史

不思議な数eの物語　E・マオール　伊理由美訳

工 学 の 歴 史　三輪修三

関 数 解 析　宮寺功

円周率だけでなく意外なところに顔をだすπ。ユークリッドやアルキメデスによる探究の歴史に始まり、オイラーの発見したπの不思議にいたる。

微積分の基本概念・計算法を全盲の数学者がイメージ豊かに解説。版を重ねて読み継がれる定番の入門教科書。練習問題・解答付きで独習にも最適。

「フラクタルの父」マンデルブロの主著。膨大な資料を基に、地理・天文・生物などあらゆる分野から事例を収集・報告したフラクタル研究の金字塔。

「自己相似」が織りなす複雑で美しい構造とは。その数理とフラクタル発見までの歴史を豊富な図版とともに紹介。　　　　　　　　(田中一之)

集合をめぐるパラドックス、ゲーデルの不完全性定理からファジィ論理、P=NP問題などのより現代的な話題まで。大家による入門書。

『集合・位相入門』などの名教科書で知られる著者による、懇切丁寧な入門書。組合せ論・初等数論を中心に、現代数学の一端に触れる。　(荒井秀男)

自然現象や経済活動に頻繁に登場する超越数e。この数の出自と発展の歴史を描いた一冊。ニュートン、オイラー、ベルヌーイ等のエピソードも満載。

オイラー、モンジュ、フーリエ、コーシーらは数学者であり、同時に工学の課題に方策を授けていた。「ものづくりの科学」の歴史をひもとく。

偏微分方程式論などへの応用をもつ関数解析。バナッハ空間論からベクトル値関数、半群の話題まで、その基礎理論を過不足なく丁寧に解説。(新井仁之)

平面、球面、歪んだ空間、そして……。幾何学的世界像は今なお変化し続ける。『スタートレック』の脚本家が誘う三千年のタイムトラベルへようこそ。

科学の魅力とは何か？　創造とは、そして死とは？　老境を迎えた大物理学者との会話をもとに書かれた、珠玉のノンフィクション。（山本貴光）

現代生物学では何が問題になるのか。20世紀生物学に多大な影響を与えた大家が、複雑な生命現象を理解するためのキー・ポイントを易しく解説。

おなじみ一刀斎の秘伝公開！　極限と連続に始まり、指数関数と三角関数を経て、偏微分方程式に至る。見晴らしのきく、読み切り22講義。

1次元線形代数から多次元へ、1変数の微積分から多変数へ。応用面と教育的重要性を軸に展開するユニークなベクトル解析のココロ。

数楽的センスの大饗宴！　読み巧者の数学者と数学ファンの画家が、とめどなく繰り広げる興趣つきぬ数学談義。（河合雅雄・亀井哲治郎）

理工系大学生必須の線型代数を、その生態のイメージと意味のセンスを大事にしつつ、基礎的な概念をひとつひとつユーモアを交え丁寧に説明する。

俳句は何兆本で作れるのか？　安売りをしてもっと効率的に利益を得るには？　世の中の現象と数学をむすぶ読み切り18話。（伊理正夫）

「数学のノーベル賞」とも称されるフィールズ賞。その誕生の歴史、および第一回から二〇〇六年までの歴代受賞者の業績を概説。

ちくま学芸文庫

はじめてのオペレーションズ・リサーチ

二〇二〇年三月十日　第一刷発行

著　者　　齊藤芳正（さいとう・よしまさ）

発行者　　喜入冬子

発行所　　株式会社筑摩書房
　　　　　東京都台東区蔵前二─五─三　〒一一一─八七五五
　　　　　電話番号　〇三─五六八七─二六〇一（代表）

装幀者　　安野光雅

印刷所　　株式会社精興社

製本所　　株式会社積信堂

乱丁・落丁本の場合は、送料小社負担でお取り替えいたします。
本書をコピー、スキャニング等の方法により無許諾で複製する
ことは、法令に規定された場合を除いて禁止されています。請
負業者等の第三者によるデジタル化は一切認められていません
ので、ご注意ください。

© YOSHIMASA SAITO 2020 Printed in Japan

ISBN978-4-480-09975-4 C0140